AF600923

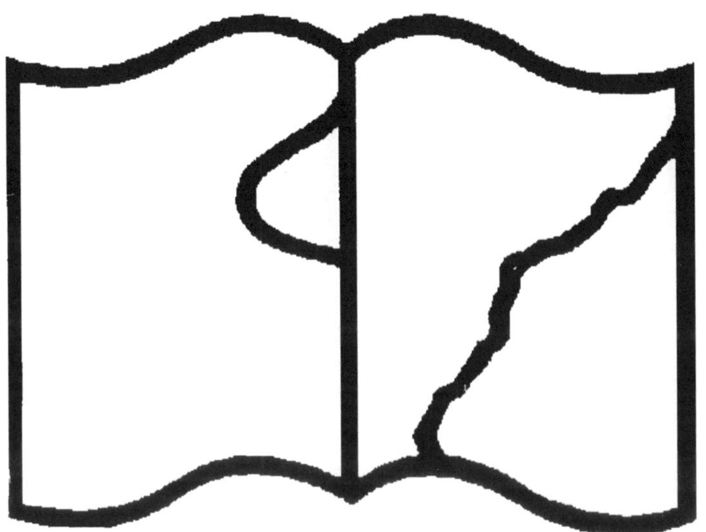

A
B

INVENTION NOVVELLE ET BRIEVE,

POVR REDVIRE EN PERſpectiue, par le moien du quarré, toutes ſortes de plans, & corps, comme edifices, meubles, &c. Sans ſe ſeruir d'autres points, ſoit tiers, ou accidentaux, que de ceux qui peuuent tōber dans le tableau, & ſans autre deſſein que ſur iceluy, auec peu de nombres, meſures, & tranſports; & ce par quatre differentes manieres.

Compoſé par R. G. S. D. M. Angeuin.

OMNIA IN VNO, ET IN OMNIBVS VNVS.

A LA FLECHE,
Par GEORGE GRIVEAV, Imprimeur ordinaire du Roy, & du College Royal. M. DC. XLVIII.

Auec Priuilege du Roy.

A MONSEIGNEVR, MONSEIGNEVR SEGVIER CHANCELIER DE FRANCE.

MONSEIGNEVR,

Tous les Arts seroient iniustes & non pas liberaux, si receuans tous les iours tant de graces & tant d'honneur de vôtre protection, ils ne vous rendoient au moins le tribut de leurs reconnoissances. Celuy que ie vous offre en ce petit Ouurage, MONSEIGNEVR, a eu la gloire de loger autrefois les **Dieux & les Rois** *; mais il ne pense pas en posseder vne moindre,* **d'être dans vostre estime**, *& d'auoir place en vostre affection. Vous logez ses Auteurs parmy les Illustres Sçauans de vos riches Bibliotheques. Vous donnez au-*

ã ij

dience aux ſecrets qu'il propoſe, dans le loiſir que vous peuuent laiſſer les affaires publiques. Vous obſeruez ſes régles, & luy en bâtiſſez le Temple le plus parfait & le plus magnifique, que la Iuſtice ait eu parmy les Hommes. Toutes ces raiſons, MONSEIGNEVR, ne l'obligent-elles pas à en dreſſer vne autre à voſtre gloire, & moy pour ſacrifice à vous offrir le cœur de celuy qui eſt

MONSEIGNEVR,

Voſtre tres-humble, & tres-obeïſſant
Seruiteur, GEORGE GRIVEAV.

L'IMPRIMEVR AV LECTEVR.

PREMIEREMENT que d'entreprendre l'Impression de ce Traité d'Inuention Nouuelle de Perspectiue, i'en ay demandé l'aduis (ensemble auec l'Autheur) aux plus Doctes en céte science, qui aprés l'auoir parfaitement examinée, m'ont persuadé de passer outre, par l'estime qu'ils font de céte nouueauté, & de son vtilité : & m'ont asseuré que la pratique en est tres-agreable, & grandement expeditiue, moyennant qu'on suiue de point en point le conseil de l'Autheur, & principalement lors qu'il dit qu'il faut effacer sur le tableau (sur lequel on veut representer vne Perspectiue) les lignes du plan Geometral qui ont seruy, pour faire place à celles qui doiuent seruir pour le plan Perspectif; ceque ces Messieurs les Doctes m'ont certifié se pouuoir faire sans confusion, & & que c'est s'auancer de moitié de dessigner sur le tableau ne faisant autre dessein que sur iceluy. Et surce qu'ils m'ont veu apprehender la censure de cét ouurage, ils m'ont encouragé cenonobstant de passer outre, & m'ont dit que d'ordinaire les plus belles & les plus nobles actions ne se peuuent échapper de la médisance; & qu'il n'y auroit que ceuxlà à médire qui ne se seroient donné la peine de l'entiere lecture, & speculation de ce Liure, n'y d'en reduire quelques figures en pratique: & que ceux qui ne iugent que de l'écorce, ne doiuent passer pour autres que pour médisans, & partant qu'ils ne doiuent être creus en aucune façon. De plus, outre que l'Autheur, dans le temps de vingt-huit ans, ou enuiron, n'a conferé son ouurage qu'à trop de personnes, pour s'asseurer de l'estime qu'on en pourroit par aprés faire, & que d'ailleurs il communique volontiers cette science à vn chacun, quoy que ie ne vueille reuoquer en doute la fidelité d'aucun, mais seulement puis-ie craindre les accidens qui pourroient arriuer de telles conferences. Ie crois estre obligé d'auertir *dience aux ſecrets qu'il propoſe , dans le loiſir que vous peuuent laiſſer les affaires publiques. Vous obſeruez ſes régles, & luy en bâtiſſez le Temple le plus parfait & le plus magnifique, que la Iuſtice ait eu parmy les Hommes. Toutes ces raiſons , MONSEIGNEVR, ne l'obligent-elles pas à en dreſſer vne autre à voſtre gloire , & moy pour ſacrifice à vous offrir le cœur de celuy qui eſt*

MONSEIGNEVR,

Voſtre tres-humble, & tres-obeïſſant Seruiteur, GEORGE GRIVEAV.

Cét Alphabet eſt pour la commodité des Artiſans qui ne connoiſſent les Characteres Grecs qui ſont inſerés en ce Liure.

Α, α,	Αλφα	Alpha	a
Β, β, ϐ,	Βῆτα	Vita	v
Γ, γ, Γ,	Γάμμα	Gamma	g
Δ, δ,	Δέλτα	Delta	d
Ε, ε,	Ε ψιλόν	Epſilon	e
Ζ, ζ,	Ζῆτα	Zita	z
Η, η,	Ητα	Ita	i longum
Θ, ϑ, θ,	Θῆτα	Thita	th
Ι, ι,	Ιῶτα	Iota	i
Κ, κ,	Κάπϖα	Kappa	k
Λ, λ,	Λάμβδα	Lambda	l
Μ, μ,	Μῦ	My	m
Ν, ν,	Νῦ	Ny	n
Ξ, ξ,	Ξῦ	Xi	x
Ο, ο,	Ομικρόν	Omicron	o paruum
Π, π, ϖ,	Πῖ	Pi	p
Ρ, ρ,	Ρῶ	Rho	r
Σ, σ, ς, ϲ,	Σίγμα	Sigma	ſ
Τ, τ, ϛ,	Ταῦ	Tau	t
Υ, υ,	Υ ψιλόν	Ypſilon	y
Φ, φ,	Φῖ	Phi	ph
Χ, χ,	Χῖ	Chi	ch
Ψ, ψ,	Ψῖ	Pſi	pſ
Ω, ω,	Ωμέγα	Omega	o magnum

IN LAVDEM OPERIS ET AVTHORIS.

PERSPECTIVA modis quatuor compressa, RENATE,
Mirificè MAGNA NESCIO quâ arte tuâ est:
Multa capis paucis, compendia certa reducis,
Dona refers sæclis non peritura tuis,
Non moritura paras, viuet tua gloria semper:
Quique putat tibi se præripuisse decus,
Ausus erit nunquam tecum contendere primus,
Laurea, GALTERI, nam tibi prima datur.
Insomnes habuit noctes opus, atque laborum
MAGNORVM moles hæc operosa fuit:
Hîc opus, hîc labor est, vobis seruate; reliquit
MAGNANIMVS fœtum nobilis ingenij.

IACOBVS LE LOYER, Flexiensis.

DE Maignannes Gaultier Auteur de cét Ouurage.
Donne dans ce traité quatre modes nouuelles
Par l'ayde du quarré (le Symbole du Sage)
Dont les pratiques sont admirablement belles,
Et plus brefues aussi qu'és precedens Auteurs,
Et sans autre dessein que dessus le tableau,
Sans poincts accidentaux, & autres poincts ailleurs,
Sans nombre ny mesure; & ce qui est de beau,
Les transports n'y ont lieu, qui sont de longue halêne;
Mais icy tout d'vn coup l'on trauaille sans pêne.

NICOLAS LE GAIGNEVRS, SIEVR DE TESSE',
Cousin de l'Autheur.

EN cét Art Perspectif qui pourra faire mieux
Que Maignannes Gaultier? il donne en son Traité,
Par quatre beaux moyens, l'Abregé souhaitté
Tant par les Artisans, que par les Curieux.

MICHEL ROVVEAV, Amy de l'Autheur.

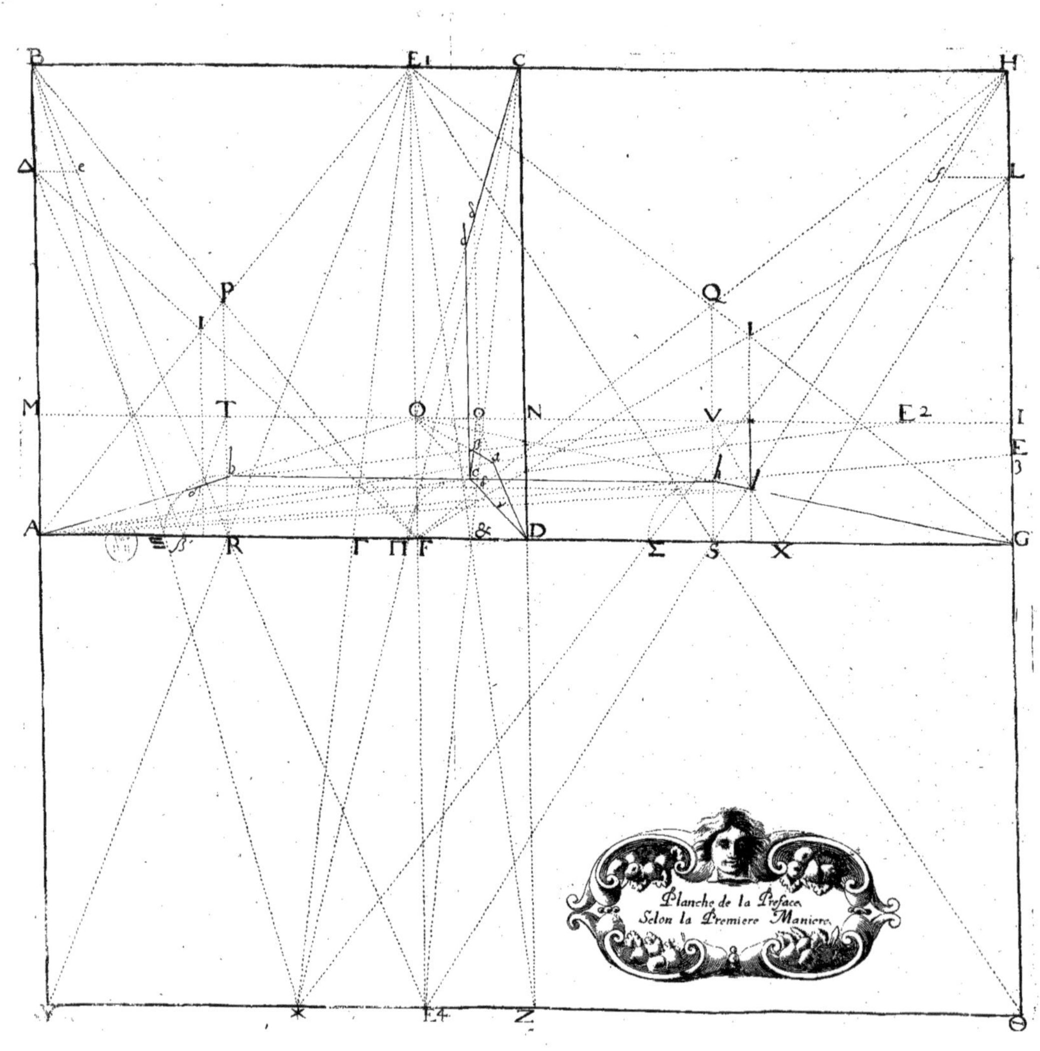
Planche de la Preface
Selon la Premiere Maniere

PREFACE.

PERSPECTIVE, à proprement parler, & pour ne la confondre auec l'Optique (comme plusieurs anciens) se prend ordinairement pour vne science qui enseigne la maniere de representer dans vn tableau l'objet proposé, soit d'edifice, ou corps solide, par l'image, ou representation, qui est imaginée naistre, ou sortir de la coupe que le tableau fait des rayõs, ou especes qui prouiennent de chaque point de l'objet dans l'œil à trauers iceluy tableau, comme s'il étoit transparent: Et en céte façon le tableau est tousiours entre l'œil, & l'objet, comme en céte figure le tableau racourci C D *c d* étant leué perpendiculairement sur le milieu du plan A *b h* G, aussi racourci (image, ou Perspectiue du parallelograme A B H G, leué perpendiculairement sur la ligne de terre A G) coupe les rayons A*, *b**, és points α, β. entre léquels la ligne α β, est l'image de A *b*; α D, de A D; & β *c*, de *b c*; & par consequent le plan Perspectif α β *c* D, est l'image du quadrilataire A *b c* D. Celuy qui n'a acquis la connoissance de l'art, ou science de Perspectiue ne se doit péner pour entendre céte figure, qu'aprés qu'il aura speculé la premiere des quatre maniere que ie propose, qui luy en donnera l'entiere intelligence, & particulierement l'explication de la premiere planche, où est la pratique du racourcissement de céte figure; & de la ligne G I, égale à la hauteur de l'œil F O, pour auoir sur la ligne G *h*, la ligne *l** [image, ou Perspectiue de la ligne G I] dont le point *l* (image du point L) soit pareillement situé sur G *h*, comme le point F, est situé sur A D.

Suffit maintenant de faire voir, & connoître clairement par céte figure, que par l'vne des quatre maniere que ie propose, l'on peut representer touts objets dans l'enclos du tableau donné, sans sortir d'iceluy, comme porte le tiltre de ce liure, & comme vous voyez dans le plan A B C D, lequel m'étant donné pour

ẽ

objet à reduire en Perſpectiue, ie fais ſeruir de plan Geometral pour en auoir l'image, ou Perſpectiue, c'eſt aſſauoir le plan Perſpectif A *b c* D. Ou ſi tout le plan A B H G, m'eſt donné pour auoir ſon image A *b b* G; i'en donne ſemblablement le moien dans le lieu ſuſdit, ſans ſortir dudit plan, quand méme le point E 1, qui eſt le point d'éloignement, ſeroit entendu étre hors icelu y, ie n'en ſors point pourtant, comme vous verrez par la troiſiéme planche de la premiere maniere: Ce qu'on ne peut faire par la maniere d'Albert Durer, de Sebaſtien Serlio, de Iean Couſin, & autres, qui métoient le point de leur éloignement ſur leur ligne horiſontale, comme pour exemple E 2, dans le plan de C H G, ſur l'horiſontale M I, auquel point E 2, du point A, ils tiroient vne diagonale, qui coupant la ligne D O, au point *c*, donnoit le plan perſpectif A *b c* D. Et pour trouuer le plan Perſpectif A *b b* G, conſiderés combien le point d'éloignement E 3, (qu'on doit entendre étre ſur l'horiſontale M I, prolongée vers I) ſera éloigné du point principal O, pour du point A, tirer à ce point E 3, vne diagonale, pour couper la ligne G O, au point *b*, pour auoir le plan Perſpectif A *b b* G, ſous lequel, ou ſous le plan Perſpectif A *b c* D, ſelon leur maniere, il faut faire le plan Geometral, comme vous voyez le plan A G ⊙ Y, pour y tracer ce qu'on veut repreſenter dans le plan Perſpectif.

Ie ne me ſers auſſi de meſures, tranſports, & longues lignes, comme faiſoient Guy d'Vbaldé, Salomon de Caux, & autres: qui, pour exemple, voulant reduire en Perſpectiue le quarré Geometral A B C D, [qu'il faut entendre parallele à l'horiſon] leur ligne d'éloignement ſeroit E 1, E 4, de laquelle l'excés F E 4, eſt hors le quarré A B C D, à reduire en Perſpectiue.

Et pour ce qui eſt des tranſports qu'il conuient faire par céte maniere, en voicy vne exemple: Des angles B, C, du quarré A B C D, l'on tire deux lignes au point d'éloignement E 4, où eſt le pied du regardant: Ou des points Y Z [autant éloignés de la ligne de terre A D, que le point d'éloignement E 4, l'eſt de F; & auſſi autant éloigné de E 4, que les points A, D, le ſont dudit point F] au point de l'objet E 1, deux lignes, pour couper la ligne de terre A D, (qu'on nomme ligne taillée) és points R, &: Puis au point d'éloignement E 4, l'on fait l'angle droit F E 4 *, (ou par le point E 4, l'on tire vne ligne parallele, & égale à la ligne de terre, ou ligne taillée A D,) pour auoir E 4 *, hauteur du regardant; & du point *, au point E 1, l'on tire vne ligne pour couper la ligne taillée A D, au point r, & auec le compas l'on prend r F, à laquelle l'on fait égale chacune des lignes R *b*, & *c*, perpendiculaire sur A D. Mais ie croy que le meilleur seroit de faire F O, égale à E 4 *, pour tirer au point principal O, les lignes A O, D O; & du point *, tirer deux lignes aux points B, C, qui couperoient la ligne taillée A D, és points z, π, puis mettre la pointe du compas au point R, comme centre, & de l'interuale R z, d'écrire vn arc qui couperoit la ligne A O, au point *b*; & autant du point &, pour auoir le point *c*: Ainsi faisant on auroit plus commodément le plan Perspectif A b c D, image du quarré A B C D. Et pour auoir l'image A *b h* G, du plan A B H G, aprés auoir trouué le point *b*, & pour auoir le point *h*, du point H; au point E 4, ou du point ⊙, au point E 1, l'on tire vne ligne qui coupe la ligne taillée A G, au point S, sur lequel, comme a été fait sur les points R, &, l'on leue vne perpendiculaire, sur laquelle l'on transporte au point *h*, la grandeur F r: ou, comme i'ay fait cy-dessus, faire F O, égale à E 4 *: & du point *, tirer vne ligne au point H, pour couper la ligne taillée au point z, &c. L'exemple de la septiéme planche de céte premiere maniere facilitera l'intelligence de ce discours.

Par ce que dessus vous pouuez iuger quels transports il faudroit faire, & combien de longues lignes il faudroit tirer, s'il falloit representer quelque grand, & somptueux édifice, comme sçauent tresbien les Doctes en céte maniere. Or en l'vne ou l'autre de ces quatre que ie propose, le mur, ou tableau me sert de plan Geometral (comme dit est) sans l'aide d'aucuns points ny lignes, qui sortent hors l'étenduë de mon tableau, dans lequel on peut aussi bien reduire en Perspectiue par l'vne, ou l'autre de ces quatre maniere, tous points, lignes, & autres quarrés Perspectifs en suite du premier vers le point principal, comme par les manieres anciennes, dêquelles on ne se peut seruir en lieu contraint, comme au bout d'vne galerie, dans lequel bout on voudroit entierement peindre, & le remplir d'vne Perspectiue: ou dans vne voute enfoncée entre deux aîles de muraille, qui empescheroient qu'on ne pourroit tirer ny à droit, ny à gauche vne ligne horisontale, pour poser sur icelle les points d'éloignement, ou de distance (que quelques anciens nommoient tire-points) & des points accidentaux grandement éloignés du point principal. Or comme cét ouurage est particulierement en faueur des Artisans, qui pour l'ordinaire ne se plaisent aux demonstrations, ie ne l'en ay voulu grossir, sçachant bien que les doctes curieux de Perspectiue trouueront que céte-cy entre aussi bien dans la preuue, comme ceux-là l'ont trouué auec lêquels i'en ay conferé. Quelqu'vn aiant pratiqué les manieres anciennes de Perspectiue considerant les plans Geometral & Perspectif ensemble dans chacune figure de l'vne, ou de l'autre de ces quatre maniere, pourroit trouuer étrange d'y voir tant de lignes, & pourroit craindre quelque confusion, quand il seroit question, pour exemple, de representer quelque grand bâtiment. Ie réponds à cecy que pour instruire, les figures doiuent étre chargées des lignes necessaires à l'instruction : mais quand l'on veut pratiquer sur le tableau, l'on n'y laisse que les lignes necessaires, & non plus que par la maniere des anciens, par laquelle l'on est obligé d'effacer les lignes qui ont serui, pour tracer celles qui doiuent demeurer : ce que i'espere que l'vne ou l'autre de ces quatre maniere donnera suffisamment à connoître, & mieux que par discours qui ne feroit qu'ennuier les curieux. Et pour faciliter dauantage la pratique de céte inuention nouuelle de Perspectiue, i'ay dedans quelques endroits de ce traité diuisé quelques planches en figure, sçauoir le plan Geometral d'auec le plan Perspectif, pour les décharger de plusieurs lignes comme si elles étoient effacées, pour faire place à celles qui les doiuent suiure. I'ay aussi tâché de me rendre le plus intelligible qu'il m'a été possible, & peut être par trop de discours, qui pourra étre ennuyeux à ceux qui entendent les anciennes Perspectiues ; ce que ie ne croy pas deuoir arriuer à ceux qui n'en ont aucune connoissance, & qui n'en peuuent auoir par la speculation des ouurages de quelques Auteurs, entr'autres de Viator, & du Cerceau, qui ont produit de fort beaux exemples sans constructions ny pratique instructiue.

Finalement par chacune de ces quatre maniere, aussi bien, & plus promptement que par les anciennes, attendu la briéueté de nôtre vie, l'on trouue dans le plan Perspectif, & sur iceluy en l'air tous points Perspectifs, & par consequent toutes lignes

Perſpectiues, en quoy conſiſte tout le ſecret de la pratique de Perſpectiue, & reduction de toutes ſortes d'objets viſibles, puiſque cét Art, ou ſcience de Perſpectiue ne conſiſte qu'en la reduction de points & lignes.

Céte ſcience donne, & cauſe de merueilleux contentements à ceux qui ont la connoiſſance de la coupe des pierres, & du bois, c'eſt à dire de l'Architecture, Charpenterie, & Menuiſerie, principalement aux Ingenieurs, aux Graueurs en cuiure, ou bois, & aux Peintres, pour repreſenter par les régles de céte ſçience les images, ou Perſpectiues de toutes ſortes d'edifices, meubles, & corps ſolides; non ſeulement pour la ſatisfaction du plus noble de leurs ſens, qui eſt la veuë, mais de ceux qui les emploïent pour repreſenter dans leurs galeries, ou cloîtres quelque beau deſſein du dedans d'vne belle Egliſe, ou ſalle bien meublée. Mais ſi l'on veut parfaitement bien tromper la veuë, & faire voir la Perſpectiue grandement éloignée, il la faut faire dans le fond d'vn cabinet, duquel on ne voie par la porte, ny les coſtés, ny le plancher, ny la place qui luy eſt oppoſée, mais ſeulement le fonds, & ce par vn petit pertuis de la grandeur de la prunelle de l'œil, & que ce pertuis ſoit rẽpli d'vn petit cryſtal comme celuy de la phiole, ou bouteille qui fait voir vne pûce groſſe comme vn hanneton. A ce pertuis faut, au dedans du cabinet, appliquer vne tube de carte, ou bois bien mince éuaſée par dedans en façon de canonniere quarrée, ou parallelograme, ſelon que ſera le tableau, pour conduire la veuë, qui ſera tellement trompée, qu'on croira voir la realité d'vn edifice, & principalement ſi le tableau en repreſente le dedans, plûtot que le dehors, à cauſe qu'on ne peut ſi bien imiter la couleur de l'air, ou ciel comme il faut pour tromper, & recréer parfaitement la veuë, que nous auons intereſt de recreer tant pour la ſanté, que pource qu'elle tient le premier rang entre nos cinq ſens. Et afin qu'vn chacun ſçache quel cas, ou eſtime nous deuons faire de l'œil i'en mets icy la compoſition, que i'ay tirée d'vne des meilleures plumes de ce ſiecle, en ces mots: *C'eſt vn miracle que cét œil, compoſé de trois humeurs, ſept peaux, ou petites camiſoles, & ſept muſcles. L'humeur cryſtalline eſt céte lentille de ver aſſiſe au beau mitan, comme organe de la veuë. La ſeconde eſt ditte humeur vitrée, c'eſt comme du ver fondu qui ceint tout autour la cryſtalline, hormis deuant, pour ne rompre la veuë, & la pointe de ses rayons. La troisiéme est fort subtile, & comme vn demy globe d'eau enuironnant par dehors la crystalline, comme la vitrée fait par le dedans; elle polît l'œil, & reçoit les images enuoyées de toutes parts pour rendre l'hommage à nôtre Ame par le moien de l'œil. Et afin que ces humeurs ne se pesle-meslent, la crystalline est separée de l'humeur aqueuse par l'aragnere, qui est vne taye façonnée à mode de toille d'araigne. La vitrée & l'aqueuse ont entre-deux vne peau fort deliée (on la nomme blepharoïde) faite comme vn crespe entrecoupée de filets, comme les poils des paupieres. La troisiéme peau est le filé qui est le bout du nerf optique, qui s'élargît, & embrasse l'œil par derriere, luy portant du cerueau l'esprit animal, qui est sa vie, & son ame; & par méme canal l'œil renuoie au cerueau les portraits au vif, & les tableaux au naturel de toutes les creatures; & le tout en petit volume, & en taille fort douce. La quatriéme tunique c'est l'vuée, ou raisiniere, qui retire bien fort à vn grain de raisin, dont le ius est épreint: elle vient du cerueau, & vest le nerf optique; couure tout l'œil, sauf au deuant, où il y a vn pertuis auquel est enchassée la prunelle, ceinte d'vn cercle nommé Iris, qui se fait du repli de la raisiniere à l'entour du pertuis. La cinquiéme, qu'on nomme dur, fort deliée, vest le nerf, ceint la moitié de l'œil par derriere; elle est obscure pour faire au crystal l'office que fait l'étain au miroir à fin que les images s'arrestent là, & ne passent à trauers sans se faire voir. Tout auprés est la sixiéme qui est la cornée qui fait au dedans ce que les lunettes font au dehors, ramassant les figures, & les alliant pour les mieux faire voir. La septiéme est la blanche qui sort de la pellicule interieure des paupieres, s'étendant sur l'œil iusques à l'Iris; lie l'œil aux parties voisines, & à la teste.*

Au reste il y a sept muscles, qui donne sept diuers mouuemens à l'œil, & sont meuz par vn paire de nerfs qui sortent du cerueau: Les principaux nerfs sont les optiques, & visuels qui sourdent de la base du cerueau; puis se rencontrent, & s'allient bien serré, & se diuisans s'en vont l'vn à l'œil droit, & l'autre au gauche. Par céte déduction ie fais voir clairement que nôtre veuë tient le premier rang entre nos cinq sens; entre lesquels le goust, & le toucher étans les moindres, ie ne suis aucunement de l'opinion de ceux qui en font plus d'état que de la veuë; c'est pourquoy à mes heures de loisir & de recreation i'ay chery cette science, & ay été plusieurs années en doute si ie deuois manifester céte Perspectiue nouuelle, craignant la censure de ceux qui connoissent les anciennes. Mais l'ayant communiquée aux plus Doctes que i'ay peu rencontrer, qui m'ont fait céte faueur de l'examiner tres-soigneusement, & m'ayans donné parole qu'elle passeroit pour sçience, & ayans connu pour tout asseuré que la pratique en seroit bône, & briéue, i'ay resolu de la donner au public. Et en cecy i'ay suiui l'aduis de l'Auteur du liuret du Politique tres-Chrêtien qui dit, *que la science qui ne se reduit pas en acte, & qui ne se manifeste point, est inutile ; & que d'être seulement pour soy, c'est ne vouloir être pour personne. Que Dieu étant en soi-méme iugea à propos de créer vn monde pour se communiquer aux hommes, & se faire homme luy-méme. Que l'artisan qui ne publie son ouurage, ou pour se faire admirer, ou pour instruire les autres, perd le fruit de son trauail.* Or tout le fruit que i'espere du mien, en cas qu'il plaise, & profite, est que ceux qui en profiteront en donnent la loüange à Dieu, & qu'ils le prient pour moy.

A MONSIEVR DE MAIGNANNES SVR SES ARMES.

Qu'en ton Blason ie vois vn beau portrait de toy
DE MAIGNANNES! *l'azur m'y fait foy de ta Foy:*
I'y vois luire vn beau feu qui tend droit vers son lieu ;
I'y reconnois ton cœur vers son TRIN *astre* VN *Dieu.*

M. POISNEL.

A LVY MESME.

Ces Armes, ce Blason, ces Etoiles, ce Feu
Expriment clairement ta Foy & ta Noblesse,
Et comme tes desirs ne visent droit qu'à Dieu,
Destiné pour le Ciel dés ta téndre Ieunesse.

I. LE BOVLANGER.

IN OPVS AVTHORIS.

ARS quoniam longa est, sed vita breuissima, tradi
Artes quisque viâ vult breuiore bonas.
Illud vt obtineant, compendia clara recensent
Ingenia, atque suum cuique probatur opus:
Sed tamen hoc pacto, ne, dum breuis esse laborat,
Obscurus rerum pondera prætereat,
MAIGNANNES claris facit hoc natalibus ortus,
Ac hodie longi centra laboris habet:
Dum PERSPECTIVAM *methodo breuiore reducit,*
Atq; nouos monstrat mente potente modos.
Puncta, extra tabulam Veterum quæ cura reliquit
Prima, intra tabulam contrahit ille suam.
Schemate quæ Veteres triplici formare solebant,
MAIGNANNES vnâ perficit hîc operâ;
Idq; modis quatuor, Quadrati forma ministrat,
Naturam & stabilem monstrat inesse libro.
Magnas hinc laudes adipiscitur, atque nouellæ
Monstratæ methodi commoda Doctus amat,
Architectus amat, faber & lignarius, & hi,
Arcas & statuas quos fabricare iuuat.
MAIGNANNES, tu te vt communibus vsibus ipsum
Impendis, soli nec sapis ipse tibi;
Sic veniant, voueo, plures ex Palladis oris,
Artes qui varias continuare velint.

IOHANNES FABRICIVS,
Stetinensis Pomeranus.

L'AVTHEVR AV LECTEVR.

POVR la commodité de ceux qui n'auroient encor acquis la connoiſſance ny de Geometrie, ny de Perſpectiue, i'ay mis icy ces Definitions, extraites en partie des Preludes Geometriques de la Perſpectiue du **P. I.** François Niceron, Minime ; Et au lieu de ſa premiere planche, ie me ſers de celle de ma Preface ou pluſieurs de ſes figures s'y trouuent.

I'ay omis le diſcours qu'il fait du poinct, de la ligne droite & de la ligne courbe, pour leur facilité, pour venir aux definitions des Paralleles, de l'Angle ſolide, de la ligne Perpendiculaire, du Triangle, du Cercle, du Quarré, du Parallelogramme, du Rhombe, du Rhomboïde, & du Trapeze.

Lignes paralleles ſont celles, qui eſtant produites à l'infiny ne concourent, ou ne ſe rencontrent iamais, comme en la premiere planche de la Preface A G, B H : Les non paralleles au contraire, eſtant produites ſe rencontrent à certain poinct, où elles forment vn angle plan, qui eſt dit par la huitiéme definition du premier des elemens d'Euclide, l'inclination de deux lignes qui ſe touchent en vn meſme plan, & ne ſe rencontrent directement.

Angle ſolide eſt la rencontre de trois, ou quatre, ou pluſieurs angles plans ; & pource que l'on ne le peut repreſenter ſur le papier, ſi l'on ne le met en Perſpectiue, vous en aurez l'exemple cy-aprés.

Ligne perpendiculaire eſt celle qui tombe à plomb ſur vne autre, comme quand nous laiſſons pendre vn plomb ſur quelque plan mis de niueau, ou parallele à l'horizon, il exprime vne ligne Perpendiculaire. Vous reconnoîtrez quand vne ligne eſt perpendiculairement abbaiſſée ſur vne autre, ſi elle fait les deux angles de part & d'autre égaux, & par conſequent tous deux droits, comme il appert par la dixiéme definition du premier des Elemens d'Euclide ; comme en ladite planche la ligne C D, sur A G. Le triangle est le plus simple d'entre les superficies comprises de lignes droites : il est distingué en plusieurs especes.

Premierement à raison de ses côtez il est diuisé en triangle equilateral, isoscele, & scalene : Le triangle equiangle, ou equilateral est celuy, qui a les trois côtez égaux. Le triangle isoscele, est celuy qui n'a que deux côtez égaux, & le troisiéme different en grandeur des deux autres, comme si de B, à D, l'on tire vne ligne, le triangle A B D, aura les côtez AB, AD, égaux, & le troisiéme B D, sera different en grandeur. Le scalene est celuy qui a tous les trois côtez inegaux, comme le triangle A B F.

Secondement le triangle est diuisé, à raison des angles qui le composent en trois autres differentes especes, sçauoir en Orthogone, Amblygone, & Oxygone ; Orthogone, ou rectangle est celuy, qui a vn angle droict, comme le triangle ABF, duquel A, est l'angle droict. Amblygone, ou obtusangle, est celuy qui a l'vn de ses angles obtus, ou plus grand qu'vn droit comme est l'angle P, du triangle A B P. Oxygone, ou acut-angle est celuy, qui a tous ses trois angles aigus, ou moindres que deux droits, comme est le triangle A E S.

Cercle est vne figure plate cõprise d'vne seule ligne courbe, que nous appellons circonference, laquelle est d'écrite par l'vne des deux iambes du compas commun, l'autre demeurant fixe & arrestée en vn point que nous appellons centre du cercle.

Le diametre du cercle est vne ligne, qui passant par le centre, s'étend de part & d'autre iusques à la circonference.

Portion, ou arc de cercle, est vne figure comprise d'vne partie de circonference, & d'vne ligne droite qui la soustend (comme si de *z* à *b*, ie tirois vne ligne elle seroit soustenduë, ou seroit la chorde de l'arc *z b*.)

Le quarré est vne figure comprise de quatre lignes droites, égales & iointes ensemble à angles droits. Comme en ladite planche de la Preface le quarré A B C D, vous le represente ; & la ligne, qui est menée d'vn coing, ou angle à l'autre opposé, s'appelle diagonale, ou diametrale du quarré, comme seroit vne ligne tirée de l'angle B, à l'angle D.

Le quarré long eſt vne figure telle que vous voyez A B H G, qui eſt composée de quatre lignes droites & iointes enſemble à angles droits auſſi bien que le quarré, mais inegales, c'eſt à dire, que deux d'icelles ſont plus grandes que les deux autres; en ſorte neantmoins, que chaque ligne eſt égale à celle qui luy eſt opposée & parallele: d'où vient qu'on l'appelle auſſi parallelogramme: la ligne, qui eſt menée de l'vn de ſes angles à l'angle opposé s'appelle auſſi diagonale, ou diametrale, comme ſi de l'angle, ou coing A, l'on tiroit vne ligne à l'angle H. (Céte ſorte de quarré s'appelle vulgairement barlong, ou berlong, & en Geometrie parallelogramme rectangle.)

Il y a encor vne eſpece de parallelogrãme appellé rhombe, ou plus communément lozange, qui eſt composée de quatre côtez égaux, mais d'angles inegaux, deux dêquels ſont obtus, & les deux autres aiguz.

Le rhomboïde qui eſt vne quatriéme eſpece de parallelogramme, eſt vne figure preſque ſemblable au rhombe, auſſi de quatre angles, & de quatre côtez: auec cette difference toutesfois que le rhombe ayant les angles inegaux, a neantmoins les quatre côtez égaux. Le rhomboïde n'a ny les angles, ny les côtez égaux, comme l'on voit dans le quarré A B C D, le rhomboïde Δ e R β; Ou dans le quarré D C H G, le rhomboïde ƒ L X S.

Toutes les autres figures de quatre côtez, qui ne ſont point compriſes ſous les precedentes definitions, c'eſt à dire qui ne ſont ny quarrez, ny parallelogrammes rectangles, ny rhombes, ny rhomboïdes, ſont appellées trapezes, lêquelles pour eſtre irregulieres, ſont de pluſieurs ſortes, comme dans le quarré A B C D, le trapexe A B E R, ou D C d e, ou A b c D.

PREMIERE MANIERE.

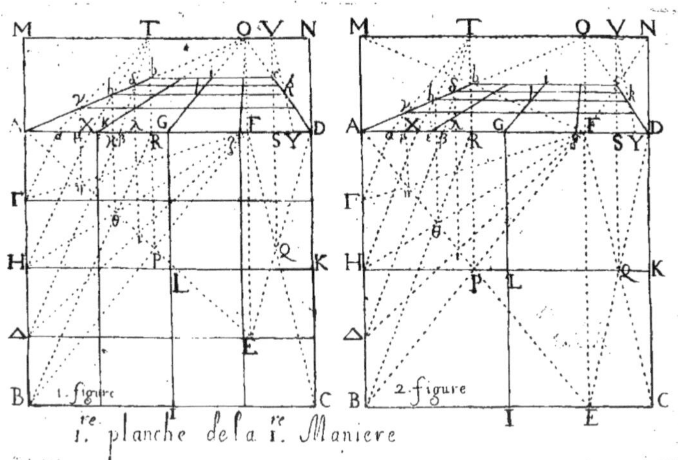

1.re planche de la 1.re Maniere

Explication de la premiere planche.

SOIT le quarré donné ABCD, à reduire en Perspectiue dans le tableau, ou mur : La ligne de distance, ou d'éloignement, soit EF, parallele à l'vn, ou à l'autre des costez AB, DC ; & soit le point d'éloignement E, ou dedans le quarré, comme en la premiere figure de cette premiere planche ; ou sur le côté BC, comme en la seconde ; ou hors le quarré, comme en la seconde planche. De ce quarré les quatre côtez soiét diuisez par la moitié aux points G, H, I, K, pour auoir les quatre quarrez AL, BL, CL, DL. Et que le parallelograme rectangle AMND, soit entendu tracé sur le mur, ou tableau ; ou méme le quarré ABCD, pour y seruir de quarré Geometral, comme en la figure de la Preface, & en la seconde planche. Que la ligne MN, parallele à la ligne de terre AD (que ie suppose étre de quinze pieds presque par tout ce traité) soit l'horizontale, sur laquelle le point O, soit le point principal (ou de veuë, ou hauteur de l'œil, à laquelle hauteur ie donne cinq pieds sur AD, pour hauteur commune sur le plan Geometral) pour des points de la ligne de terre A D, y tirer des lignes, qui par quelques-vns sont nommées visuelles, ou radiales, comme sont ces trois A O, G O, D O, pour representer sur icelles les images, peintures, ou Perspectiues des poi. B, C, H, I, K, L; lêquelles images i'ay marquées de petites lettres répondantes à ces grandes, pour plus grande facilité. Puis du point E, ie tire deux lignes aux angles A, D; & du point F, aux angles B, C, deux autres, qui coupent les deux premieres aux points P, Q, déquels ie tire deux lignes perpendiculaires à A D, aux points R, S, sur léquels ie leue les perpendiculaires R T, S V, qui coupent les lignes A O, D O, aux points *b*, *c*, que ie ioints par vne ligne qui termine le quarré Perspectif A *b* *c* D, image du quarré Geometral A B C D.

Si le quarré Geometral est tracé sur le tableau, ou mur, comme à la seconde planche, pour auoir les mémes points *b*, *c*, il ne faudra que tirer les lignes P R, Q S, perpendiculaires à A D, & qui donneront les points T, V, pour tiers points (selon quelques Anciens) sur l'horizontale M N.

Céte pratique bien entenduë donnera l'intelligence de la reduction, non seulement du quarré A B C D, de la Preface, mais encor du parallelograme A B H G, duquel l'image est A *b* *b* G. Et pour satisfaire à la promesse que i'ay faite, dans ladite Preface, de donner la pratique du racourcissement de la ligne G I (qui est *l* *) en pareille situation, & de pareille éleuation Perspectiue que F O, Geometrique, est située sur A D, ie trouue le point *l* (ou est le pied du point *, ou de l'œil, qui a le quarré Perspectif A *b* *c* D, pour objet) par deux pratiques. Par la premiere, à la grandeur A F, ie fais égale A △, ou G L, & du point L, au point F, ie tire vne ligne, que ie coupe par vne autre, laquelle ie tire du point E ɪ, au point G, & marque le point de céte section par ɪ, duquel à D G, ie tire vne perpendiculaire qui coupe G O, au point *l*, requis. Par la seconde pratique, du point H, au point S, ie tire vne ligne, à laquelle du point L, au point X, ie tire vne parallele, & du point V, ie tire V X, qui coupe G O, au point *l*, requis; duquel ie tire *l* ♪, parallele à B H, qui coupe le côté *c* D, du quarré Perspectif A *b* *c* D, au point ♪, duquel ie tire ♪ *o*, parallele à C D, & Perspectiuemẽt perpendiculaire à *c* D: Puis des points *c*, D, au point o,

Premiere planche.

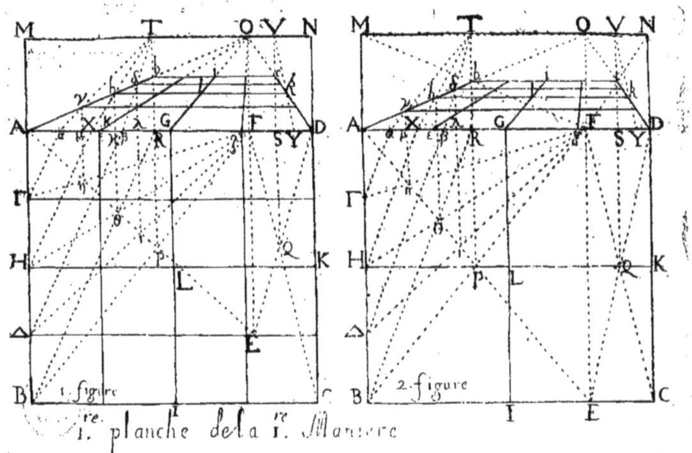

(ſitué ſur l'horizontale *m n*, du tableau D C *d c*, ainſi que l'eſt le point principal O, ſur l'horizontale MN, du quarré, ou tableau AB CD) ie tire deux lignes, qui coupent les radiales A*, *b**, és points α, β, [comme a été declaré dans la Preface.] Ces points α, β, peuuent encor être trouuez, ſi du point *l*, au point A, on tire vne ligne, qui coupera le côté *c* D, au point γ, ſur lequel leuant la perpendiculaire γ α, & du point α, au point O, tirant vne ligne, elle coupera *c o*, au point β, requis, par lequel paſſe le rayon *b**, faiſant cecy exactement, on aura [comme i'ay dit au commencement de la Preface] le plan Perſpectif α β *c* D, pour image du quadrilataire A *b c* D, plan Perſpectif, ou image du plan Geometral A B C D.

Croyant que céte explication doit ſuffire pour la figure de la Preface, ie continuë l'explication de la premiere planche.

Donc pour auoir les images des points H, I, K, L, ie diuiſe par la moitié les parties AR, DS, de la ligne de terre A D, aux points X, Y, aûquels des points T, V, ie tire deux lignes, qui coupent AO, DO, aux points *h*, *k*, que ie ioints par vne ligne, qui eſt coupée au point *l*, par la ligne G O, comme l'eſt auſſi la ligne *b c*, au point *i*. Et pour auoir dans le quarré A *b c* D, pluſieurs autres quarrez Perſpectifs que ces quatre, pour exemple, que chacun d'iceux ſoit diuiſé en quatre, qui ſeront ſeize pour tout le quarré Perſpectif A *b c* D, ie les trouuë par trois façons : Par la premiere ie diuise chacune des parties A X, R X, en deux parties égales és points α, β, dêquels au point T, i'ay tiré deux lignes, qui coupent A O, aux points γ, δ, dêquels i'ay tiré deux lignes paralleles à la ligne A D : Puis i'ay diuisé chacune des parties A G, D G, en deux parts égales és points ϵ, ζ, dêquels i'ay tiré deux lig. au poi. principal O, comme i'en ay tiré vne du point G. Par la seconde façon ie diuise les parties A H, B H, du côté A B, chacune en deux égales és points Γ, Δ, dêquels, & du p int H, ie tire trois lignes au point F, qui coupent la ligne A E, és points η, θ, ι: puis de ces points ie tire trois perpendiculaires à la ligne A D, qui la rencontrent és points μ, κ, λ, dêquels sur le tableau ie tire trois lignes perpendiculaires à A D, iusques à la ligne A O, és points γ, b, δ. Par la troisiéme façon [commune à mes quatre manieres] apres que i'ay, comme cy-dessus, diuisé les parties A H, B H, du côté A B, chacune en deux égales és points Γ, Δ, ie tire la ligne B R, à laquelle de ces points Γ, Δ, & du point H, ie tire trois paralleles à B R, qui rencontrent A R, és points α, X, β, dêquels ie tire trois lignes au tiers point T, pour couper la visuelle A O, és points γ, b, δ, selon le requis.

Icy la deuxiéme planche.

I'AY aussi representé ces deux façons en céte seconde planche, en laquelle il faut entendre que le quarré Geometral superieur, aussi marqué des lettres A B C D, est tracé sur le mur, ou tableau, A B E C D, en forme de voûte, sous lequel i'ay mis, comme en la premiere planche, vn plan Geometral, pour plus facilement faire entendre ce qui est tracé sur celuy du tableau. Outre ce que dessus, qui est commun à ces deux planches, l'on trouue semblablement, & aisément les points b, c, en la seconde figure de la premiere planche, tirant M F, N F, à cause que le point E, est sur la ligne B C, & que les triangles A E D, B F C, sont égaux, ou que la ligne d'éloignement E F, est égale au costé du quarré Geometral à reduire en quarré Perspectif. Vous auez veu iusques icy, comme ie trouue sur le tableau le premier quarré Perspectif A b c D, & comme ie le diuise en autant de quarrez que bon me semble. Voicy comme ie feray le méme des quarrés Per-

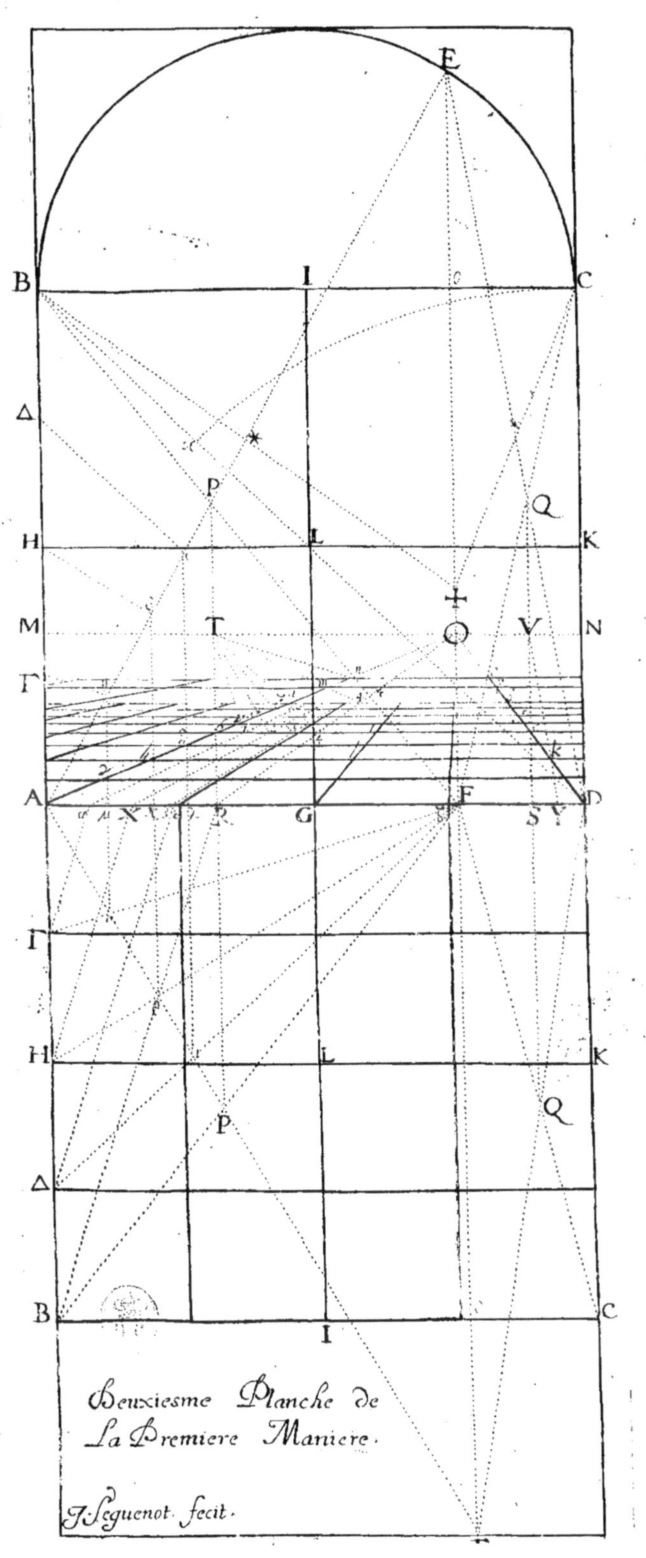
E
B
I
C
Δ
P
Q
H
L
K
M
T
O
V
N
Γ
A
F
D
X
R
G
S
Y
Γ
H
L
K
P
Q
Δ
B
I
C
Deuxiesme Planche de
La Premiere Maniere.
J. Seguenot. fecit.

ſpectifs ſuiuants ; par exemple , du ſecond *a b c d*, lequel m'a été donné par la ligne P R, du plan Geometral ſuperieur ; laquelle P R, m'a ſerui pour trouuer le point *b*, du premier quarré Perſpectif A *b c* D : Ie tire donc R O, qui coupe le côté *b c*, au point 4, auquel ie tire T 4, qui coupe A O, au point *a*, duquel tirant la ligne *a d*, parallele à A D, i'auray le ſecond quarré Perſpectif *b a d c*. Pour diuiſer ce quarré en quatre autres, comme i'ay fait le premier, ie diuiſe A R, comme en la precedente planche en quatre parts égales ; ou ie diuiſe *b* 4, de la ligne *b c* (parallele à la ligne de terre A D, és points 1, 2, 3, dêquels ie tire trois lignes au point T, pour couper le côté *b a*, és points *ν*, *e*, *ξ*, dêquels ie tire trois paralleles au côté *b c*, lêquelles, & celles que i'ay tirées des points *γ*, *b*, *δ*, ie coupe par trois lignes, que i'ay tirées des points *ε*, G, *ζ*, pour auoir trente & deux quarrés entre les lignes A D, *a d* : Et ſi i'en veux auoir encor autant, il me faut trouuer deux autres quarrés Perſpectifs ; pour ce faire du point T, au point 4, qui eſt ſur *a d*, ie tire vne ligne, qui coupe A O, au point *m*, duquel ie tire *m p*, parallele à *a d*, pour auoir le troiſiéme quarré Perſpectif *a m p d*, dont le côté *m p*, coupe R O, au point 4, dernier trouué. Finalement du point 4, dernier trouué au point T, ie tire vne ligne, qui coupe A O, au point *n*, duquel ie tire *n o*, parallele à *m p*, pour auoir le quatriéme & dernier quarré Perſpectif *m n o p* : Et ces quatre grands quarrés Perſpectifs en contiendront ſoixante & quatre petits, ſi l'on diuiſe les côtez *a m*, *m n*, comme a été diuiſé le côté *b a* : Et ſi des poi. *ε*, G, *ζ*, l'on tire des lignes vers O, pour diuiſer le côté *n o*, comme l'a été le côté A D, és poi. *ε*, G, *ζ*. Ce fait, la longueur de ce plan Perſpectif A *n o* D, ſera de ſoixante pieds, puiſque i'en donne quinze à la ligne de terre A D, & ſa largeur ſera telle qu'on voudra, produiſant la ligne *n o*, de part & d'autre, c'eſt à dire à droit & à gauche.

Dans la méme ſeconde planche, en laquelle le poi. E, eſt hors le quarré, s'il arriue qu'on n'en puiſſe ſortir, B C, étant vn mur, ou baluſtre, dans le quarré Geometral inferieur ; ou dans le ſuperieur que A B, fût la hauteur du mur, ou du tableau : & par conſequent que du poi. E, l'on n'aye le moien commode pour tirer des lignes aux poi. A, D, alors il faut ſçauoir la valeur du côté du quarré, que ie ſuppoſe icy, pour exemple, de quinze pieds, & de la ligne d'éloignement E F, qui eſt icy égale à la diagonale B D, & à l'excés E *o* (quand il ne ſurpaſſera la longueur du côté du quarré) faut faire égale F ✠, (égale à B *π*, excez du côté du quarré, puiſque D *π*, eſt égale au côté C D, du quarré) & du poi. ✠, faut tirer aux poi. B, C, deux lignes, chacune dêquelles il faut diuiſer par la moitié aux poi. *, *, auſquels des poi. A, D, faut tirer deux lignes, qui couperont les côtez B F, C F, du triangle B F C, aux poi. P, Q, auec lêquels vous opererez comme en la premiere planche.

Pour la troiſiéme planche.

MAIS ſi la ligne de diſtance E F, ſurpaſſe le côté du quarré dauantage que ne vaut le côté, comme en la troiſiéme planche ſuiuante, elle le ſurpaſſe de l'excez E G, pour exemple, de 35. pieds, le côté du quarré étant de 15. & qu'on ne peût de l'angle A, du quarré Geometral au poi. E, tirer vne ligne qui coupât la lig. B F, au poi. P, & méme qu'on n'eût point d'autre plan Geometral, pour faire le reſte comme cy-deuant, ſçauoir eſt pour trouuer le quarré Perſpectif A *b c* D, alors faut faire comme ſenſuit: Premierement ie preſuppoſe que la ligne A D, eſt la largeur de la galerie, allée de iardin, ou du tableau, & qu'elle eſt comme ie dis de 15. pieds, i'ôte céte largeur autant de fois qu'il eſt poſſible, ſçauoir en céte exemple deux fois de l'excez E G, qui eſt, comme a été dit, de 35. pieds, reſtent cinq pieds pour G K; à ce reſte ie fais F H, égale: Puis du poi. H, (ſoit deſſus ou deſſous la ligne de terre A D) au poi. B, ie tire B H, que ie diuiſe par la moitié au poi. I, auquel de langle A, ie tire vne lig. laquelle ſi l'on pouuoit produire hors le quarré A B C D, inferieur, elle tomberoit au point K. Or céte ligne tirée de l'angle A, au poi. I, coupe B F, au poi. L, par lequel ie tire Q S, parallele à la lig. F G, & de l'angle A, au poi. Q, ie tire vne ligne, qui étant prolongée iuſqu'à la ligne E F, au poi. V, donneroit K V, égale au côté A B, du quarré Geometral A B C D: Et céte ligne A Q, coupe B F, au poi. X, par lequel ie tire Y Z, parallele à F G, & du poi. Y, au poi. A, ie tire vne lig. qui coupe B F, au poi. P, qui eſt le dernier cherché; veu que n'ayant ôté A D, que deux fois de 35. qui eſt la

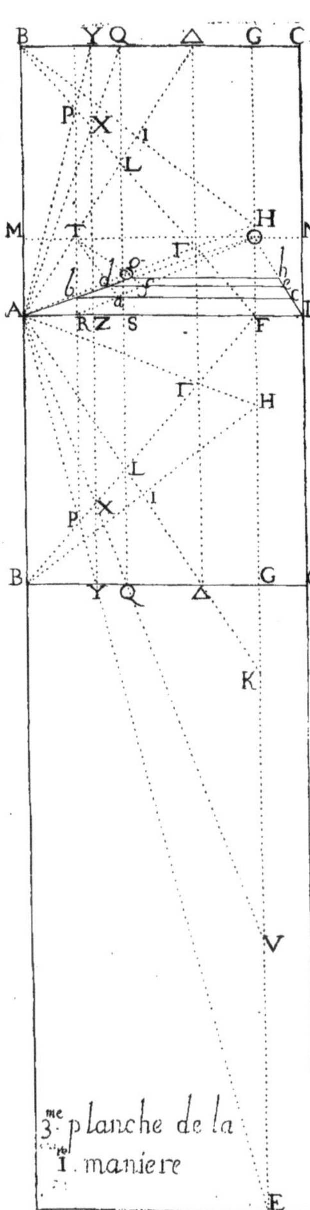

valeur de la lig. E G, ie n'ay auſſi fait que deux operations ſur B F, aux poi. X, P, outre celle qui a été faite au poi. L, à raiſon de G K, ou F H. Ayant donc trouué le poi. P, comme deſſus, ie tire d'iceluy vne parallele à la lig. AB, & céte parallele rencontre la ligne AD, au poi. R. Puis ſur le plan Geometral A B C D, (entendu étre ſur le mur, ou tableau) du ſuſdit poi. R, ie leue la lig. R T, perpendiculaire à la lig. de terre A D, coupant la lig. A O, au poi. *b*, duquel ie tire vne parallele à la ligne A D, qui coupe l'autre ligne D O, au poi. *c*, & qui me donne le quarré Perſpectif A *b c* D, ſelon la diſtance de E F, de 50. pieds. L'on aura encor le poi. P, ſi du poi. A, l'on tire A H, qui coupe B F, au poi. Γ, duquel ſoit tirée Γ Δ, parallele à F G, & du poi. Δ, Δ A, qui coupe B F, au poi. L, & le reſte, comme a été fait cy-deuant, par le moien de la lig. B H.

Or comme mon intention eſt de faire ſeruir le mur, ou tableau, de plan Geometral, comme en ce quarré A B C D, ſuperieur, repreſentant le mur, ou tableau; dans iceluy ie trouue le poi. P, de méme façon que ie l'ay trouué en bas dans le plan Geometral A B C D; & pource i'ay marqué ces deux plãs de mémes lettres pour en faciliter l'intelligence: Et le méme peut étre fait és precedentes planches, releuant le plan Geometral ſur le mur, ou tableau, comme il l'eſt en céte troiſiéme. En ce tableau vous voyez deux autres quarrez Perſpectifs, pour lêquels auoir, & pluſieurs autres en ſuite, vers le poi. principal O, ie fais comme i'ay fait en la precedente ſeconde planche, & tire la lig. R O, qui coupe le côté *b c*, du premier quarré Perſpectif A *b c* D, au poi. *a*, duquel ie tire vne lig. au poi. T, qui coupe la lig. A O, au poi. *d*, duquel ie tire vne parallele à *b c*, qui coupe la lig. D O, au poi. *t*, pour auoir le ſecond quarré Perſpectif *b c e d*, dont le côté *d e*, coupe R O, au poi. *f*: de ce point ie tire *f* T, qui coupe A O, au poi. *g*, duquel ie tire vne parallele au côté *d e*, qui coupe D O, au poi. *h*: Et procedant de céte façon, l'on aura tous les quarrez Perſpectifs, qui pourront étre contenuz entre la ligne de terre, & l'horizontale.

Pour la quatriéme planche.

EN céte quatriéme planche, ie donne l'inuention de trouuer dans vn plan Perſpectif la peinture, ou image de tels poi. qu'on deſirera, ſoit dedans le plan Perſpectif, ou éleuez ſur iceluy : Lêquels poi. éleuez l'on nomme poincts en l'air.

Pour mieux donner à entendre ce que i'ay tracé ſur le plan, ou tableau A B E C D, i'ay fait ce plan ou quarré Geometral A B C D, deſſous, & en iceluy, comme cy-deuant, tiré la lig. de diſtance E F, & les lig. A E, B F, s'entrecoupant au poi. P: Comme auſſi vers la main droite les lignes D E, C F, au poi. Q, & ainſi dans le quarré ſuperieur, ou i'ay tiré la lig. horizontale M N, coupée par la lig. E F, au poi. principal O, auquel des poi. A, D, i'ay tiré les lignes A O, D O, & fait comme a été enſeigné és precedentes planches, pour trouuer le quarré Perſpectif A *b c* D. Donc pour auoir par vn moien commun en mes quatre manieres, les images des poi. 1, 2, 3, du triangle Geometral, & premierement du poi. 1; ie tire la lig. B R, & de ce poi. 1, Geometral ie tire deux lignes, l'vne parallele au côté A B, iuſques au côté A D, au poi. G, duquel ie tire vne lig. vers le poi. O, & du méme poi. 1, ie tire l'autre parallele au côté B C, rencontrant le côté A B, au poi. H, & coupant la ligne B R, au poi. I : Et puis à la lig. B R, ie fais parallele H K, & du poi. K, au poi. T, ie tire vne ligne, qui coupe A O, ou A *b*, ſeulement, au poi. *h*, image du point H, (qui eſt ſur le coté A B, du plan Geometral) & de ce point *h*, ie tire vne parallele au côté *b c*, du plan Perpectif A *b c* D, laquelle coupe G O, au poi. 1, image du poi. 1, du plan Geometral.

Apres auoir tiré du poi. G, la ligne G O, pour trouuer auſſi le point 1, par vn moien extraordinaire, & vniuerſel, il faut tirer

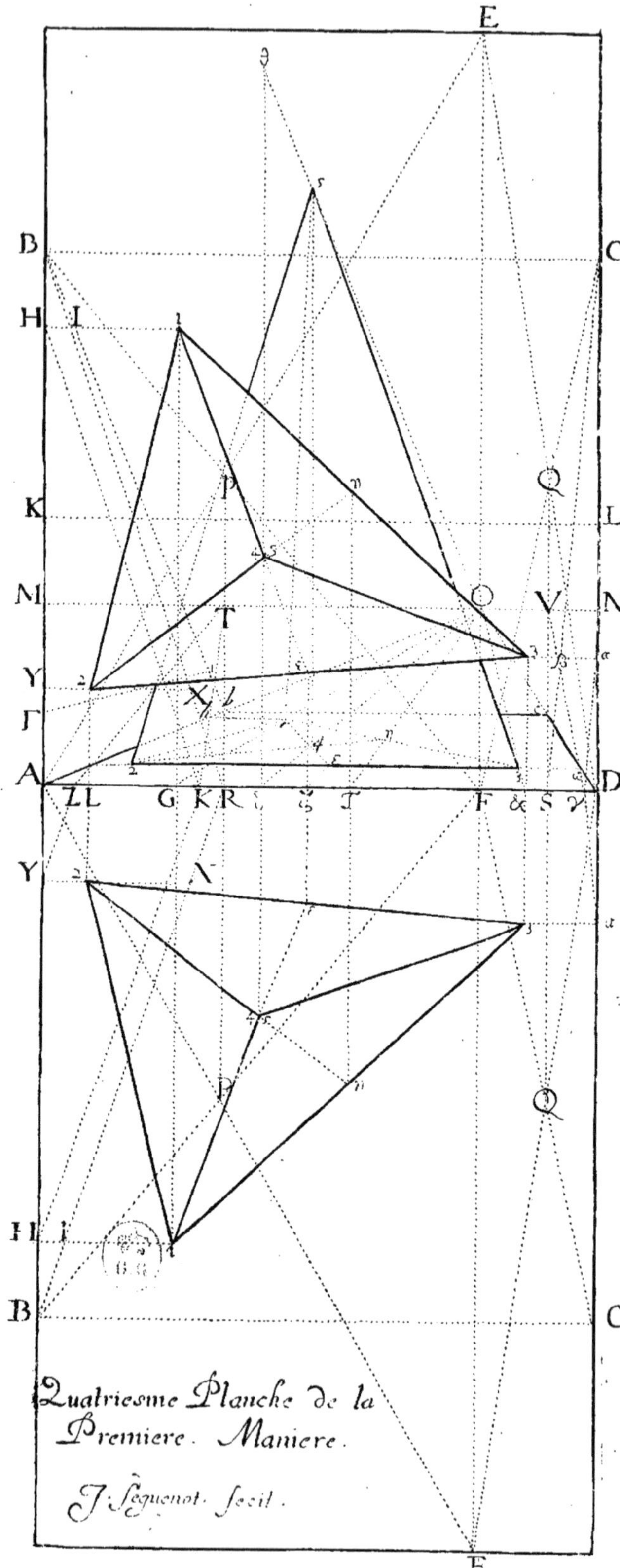
Quatriesme Planche de la
Premiere. Maniere.
J. Seguenot. fecit.

tirer vne ligne de l'angle B, du plan Geometral ABCD, à l'angle *b*, du plan Perspectif A *b c* D; & à B H, faire égale A r (puisque ce point 1. est en la moitié B K L C, du quarré Geometral, & s'il étoit en pareille situation en l'autre moitié A K L D, il faudroit faire B H, égale à A G): puis du poi. r, faut tirer vne lig. vers le poi. de veuë O, laquelle faut terminer sur la lig B *b*, au poi. *ι*, duquel faut tirer vne lig. parallele au côté A B, sur le côté A *b*, du plan Perspectif au poi. *h*, & de ce poi. vne parallele au côté *b c*, qu'il faut terminer au poi. 1, requis sur la ligne tirée du poi. G, vers le poi. O.

Ie traiteray plus amplement de ce moien extraordinaire, à la fin du discours de la cinquiéme planche suiuante, sur la seconde figure d'icelle; & particulierement pour trouuer sur le côté A*b*, du plan Perspectif les images de tels poincts qu'on voudra du côté AB, du plan Geometral.

De méme que i'ay eu le poi 1, par le moien commun à mes quatre manieres, pour auoir aussi le poi. 2, tant dans le plan Geometral, que Perspectif, de ce poi. 2, Geometral ie tire vne parallele au côté AB, qui rencontre A D, au poi. L, duquel ie tire vne lig. vers le poi. O; & par ce méme poi. 2, ie tire vne parallele au côté A D, qui rencontre la lig. B R, au poi. X, & le côté A B, au poi. Y, duquel sur A D, ie tire YZ, parallele à la lig B R, & du poi. Z, ie tire Z T, qui coupe A O, au poi. *y*, duquel ie tire vne parallele au côté A D, qui coupe L O, au poi. 2, qui est l'image du poi. 2, du plan Geometral. Et pour auoir l'image du poi. 3, dudit plan Geometral, de ce poi. ie tire trois 3 &, parallele au côté C D, qui rencontre le côté A D, au poi. &, duquel ie tire vne lig. vers O: Puis du méme poi. 3, du plan Geometral ie tire 3 α, paral. au côté A D, qui rencontre le côté C D, au poi. α, & coupe la lig. C S, au poi. β; puis du poi α, ie tire vne paral. à C S, laquelle paral. rencontre le côté A D, au poi. γ, duquel au poi. V, ie tire vne lig. qui coupe D O, au poi. α; de ce poi. α, ie tire vne paral. au côté A D, qui coupe & O, au poi. 3, requis.

Reste maintenant sur le plan Geometral le poi. 4, qui est le centre du triangle 1. 2. 3. baze d'vne pyramide triangulaire, duquel poi. 4, ie trouue l'image comme s'ensuit: De ce poi. 4, ie tire la lig. 4 δ, paral. au côté AB, rencontrãt AD, au poi. δ, duquel ie tire δ O, & diuiſe le côté 2. 3, du triangle Geometral par la moitié au poi. ε, duquel ie tire ε ζ, paral. à A B, & du poi. ζ, ie tire vne lig. vers O, qui rencontre le côté 2. 3, du triangle Perſpectif 1. 2. 3, au poi. ι, duquel ie tire vne lig. à l'angle 1, laquelle coupe δ O, au poi. 4: Ou ie diuiſe le côté 1. 3, du triangle Geometral par la moitié au poi. η, duquel ie tire η τ, paral. à A B, & du poi. τ, ie tire vne lig. vers O, qui rencontre le côté 1. 3, du triangle Perſpectif au point η, duquel ie tire vne ligne à l'angle 2, laquelle coupe δ O, au poi. 4, requis pour image du poi. 4. du plan Geometral: & de méme façon que i'ay troué les poi. 1, 2, 3, l'on trouuera les images ou Perſpectiues de tous autres poincts donnez dans le quarré ou plan Geometral.

Si ſur ce poi. 4, ie veux auoir le poi. en l'air marqué 5, éleué perpendiculairemẽt, pour exemple, de la hauteur de 20. pieds; du poi. δ, qui eſt ſur A D, ie leue la perpendiculaire δ θ, de 20. pieds, & du poi. θ, ie tire θ O, laquelle ie coupe au poi. 5, par la lig. 4. 5, paral. à la perpendiculaire δ θ: Et ce poi. 5, ſera ſur le tableau l'image du poi. 5, qui eſt conçeu étre éleué ſur le poi. 4, du plan Geometral de la hauteur de 20. pieds.

A ce poi. 5. du tableau [éleué perpend. ſur le poi. 4] des angles 1, 2, 3, du triangle Perſpectif, ie tire trois lignes qui compoſent la pyramide requiſe.

Icy la cinquiéme planche.

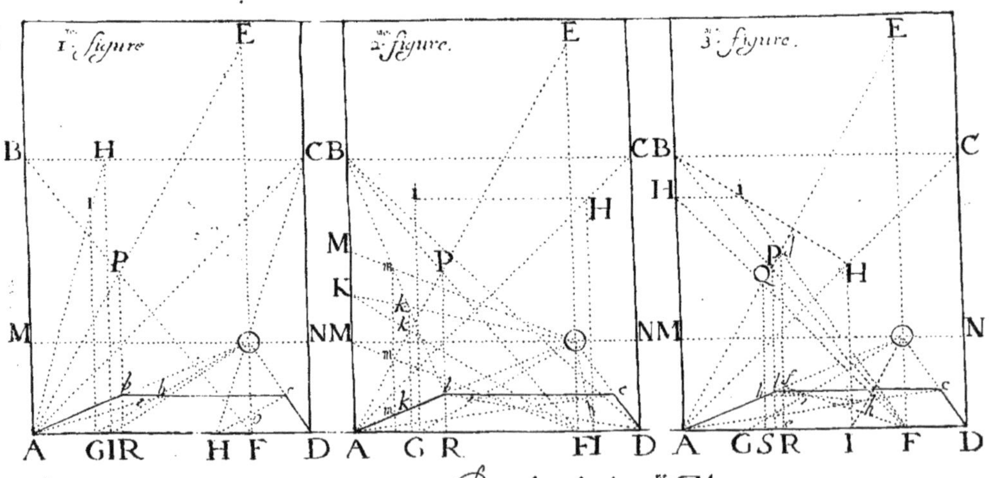

Cinquiéme Planche de la 1re Maniere.

ES trois figures de céte cinquiéme planche, dépendante de la precedente quatriéme planche, ie donne diuers moyens pour trouuer dans le plan Perspectif, non seulement l'image du poi. 1, mais de tel autre point qu'on desirera. En chacune des trois figures, du poi. 1, ie tire 1 G, perpendicul. sur A D, & du poi. G, ie tire G O. En la premiere figure, de l'angle A, par le poi. 1, iusques au côté B C, ie tire A H, & du poi. H, sur A D, ie tire perpend. H I, & du poi. I, vers le poi. principal O, ie tire I *b*, & du poi. *b*, ie tire *b* A, que ie coupe au poi. 1, requis, par la lig. cy-deuant tirée du poi. G, vers O. Il faut remarquer en céte pratique que tout point à reduire en Perspectiue, qui sera dans le triangle A B C, se reduira par le moien de la ligne tirée de l'angle A, sur le côté B C: Et tout point qui sera dans le triangle A C D, se reduira par le moien de la ligne qui vient de l'angle C, sur le côté A D, c'est à sçauoir par C H: comme pour exemple, si ie veux auoir la peinture, ou l'image du point principal O; par ce poi. du poi. C, aiant tiré C H, & du poi. H, vne ligne à l'angle C, du plan Perspectif, elle sera coupée au poi. o, requis par la ligne O F, perpend. au coté A D. En la seconde figure, aprés auoir tiré la ligne 1 G, & G O, comme a été dit cy-dessus, ie tire la diagonale A C, & du poi. 1, ie tire aussi vne lig. paral. au côté B C, laquelle rencontre la diagonale A C, au poi. H, duquel ie tire au côté A D, la perpend. H I, & du poi. I, vne lig. au poi. O, qui coupe la diagonale A *c*, au poi. *b*, duquel ie tire vne ligne paral. au côté *b c*, du plan Perspectif, laquelle ligne rencontre la ligne G O, au point 1, requis.

En la troisiéme figure ie tire la diagonale A C, sur laquelle de l'angle B, par le poi. 1, ie tire B H, & du poi. H, H I, perpend. au côté A D: Puis du point I, ie tire I O, que ie coupe par la diagonale A *c*, au poi. *b*, duquel ie tire vne lig. à l'angle *b*, qui coupe la lig. G O, au poi. 1, requis. En la méme troisiéme figure ie trouue le poi. 1, par vne pratique particuliere, & qui conuient à ma premiere maniere, & ce par le moien du poi. *b*, que ie trouue sur A O, comme i'ay trouué le point *b*, par les premieres planches de céte premiere maniere: Et pour ce faire du poi. 1, ie tire vne lig. au poi. H, qui est sur A B, paral. au côté B C, & du poi. H, au poi. F, vne lig. qui coupe la ligne A E, au poi. Q, comme B F, l'a coupée au poi. P, duquel a été tirée perpend. au côté A D, la lig. P R, pour trouuer le poi. *b*, ſur A O ; de méme du poi. Q, ie tire Q S, pour auoir ſur A O, le poi. *h*, duquel au côté *b c*, ie tire vne paral. qui rencontre la ligne G O, au poi. 1, requis. Finalement en la méme troiſiéme figure, ie trouue encore le poi. 1, par vn autre moien particulier, & plus conforme à ma premiere maniere, que le precedent moien, comme s'enſuit : Apres que i'ay tiré comme cydeſſus, les lig. 1 G, G O ; du poi. 1, ie tire 1 F, qui coupe A E, au poi. *d*, duquel ie tire *d e*, perpend. à A D, qui coupe A O, au poi. *f*, & de ce poi. tirant vne lig. au poi. F, elle coupera G O, au poi. 1, requis. Lequel moien ie pratiqueray pour quelques poincts de la ſixiéme planche ſuiuante.

Pour accomplir la promeſſe que i'ay faite dans le diſcours de la precedente planche de traiter plus amplement d'vn moien extraordinaire, pour trouuer ſur le côté A *b*, du plan Perſpectif les images de tels poi. qu'on deſirera, du côté A B, du plan Geom. ie donne premierement, pour exemple, le moien de trouuer en céte ſeconde figure, ſur le côté A *b*, du plan Perſpectif A *b c* D, le poi. *m*, image du poi. M, extréme de l'horizontale M N, cõme s'enſuit : Ie tire la ligne B *b*, & prens la grandeur A M, & luy fais égale B M ; Puis du poi. M, ſuperieur, ie tire vne lig. au point principal O, qui coupe B *b*, au poi. *m*, duquel ie tire vne ligne perpend. à la ligne de terre A D, & qui coupe A O, ou A *b*, au poi. *m*, requis. Pour preuue de ce, ie me ſers en céte ſeconde figure de la deuxiéme planche de céte premiere maniere, pour trouuer ſur A O, ce poi. *m*, image du poi. M, extréme de la lig. horizontale M N : Ie tire donc M F, qui coupe A E, au point *m*, (comme B F, la coupe au poi. P) duquel poi. *m*, ie tire perpendiculairement vne lig. ſur A D, qui coupe A O, ou A *b*, au poi. *m*, requis. Et pour auoir le poi. *k*, image du poi. K, Geometral ie fais comme i'ay fait du point *m*.

Explication de la ſixiéme planche.

EN céte ſixiéme planche ie donne le moien de tracer ſur le tableau, tant au plan Perpectif horizontal A *b c* D, qu'au plan Perſpectif vertical A B *c b*, l'image de deux lignes courbes données dans le plan Geom. comme ſont icy les demies circonferences A 2 D, B 2 C : & de peur de confuſion ie prendray ſeulement quatre poi. en chacune lig. courbe, pour en trouuer les images ſur le tableau. Ie commence par le poi. 1, de l'vne, ou de l'autre lig. courbe, pource qu'elles ſont diuiſées égalemēt, c'eſt pourquoy i'ay mis en céte planche pareils chifres & lettres. Ie commence donc par 1, duquel ie tire deux lig. l'vne au poi. F, coupant A E, au poi. G, l'autre, du méme poi. 1, perpend. à la lig. A D, la rencontrant au poi. H; Puis du point G, aiant tiré la lig. G I, perpend. à A D, qui coupe A O, au poi. g, ie tire la lig. F g, laquelle ſera coupée par la lig. H Q, au poi. 1, qui ſera l'image du poi 1, propoſé. De méme du poi. 2, ie tire deux lig. l'vne au poi. F, qui (ſçauoir eſt F 2) étant prolongée, rencontre la lig. A E, au poi. K, (ou du poi F, ie tire vne lig. par le poi. 2. iuſques à la lig. A E, au poi. K); l'autre, du méme point 2, perpend. à la lig. A D, la rencontrant au poi. L: Puis du poi. K, ie tire la lig. K Y, perpend. à A D, pour couper A O, au point k, duquel ie tire vne lig. au poi. F, qui ſera coupée par la lig. L O, au poi. 2, image du poi. 2, propoſé. Ce fait du poi. 3, ie tire deux lig. l'vne au poi. F, qui (ſçauoir eſt F 3,) étant prolongée, coupe D E, au poi. Z (ou du poi. F, ie tire vne lig. par le poi. 3,

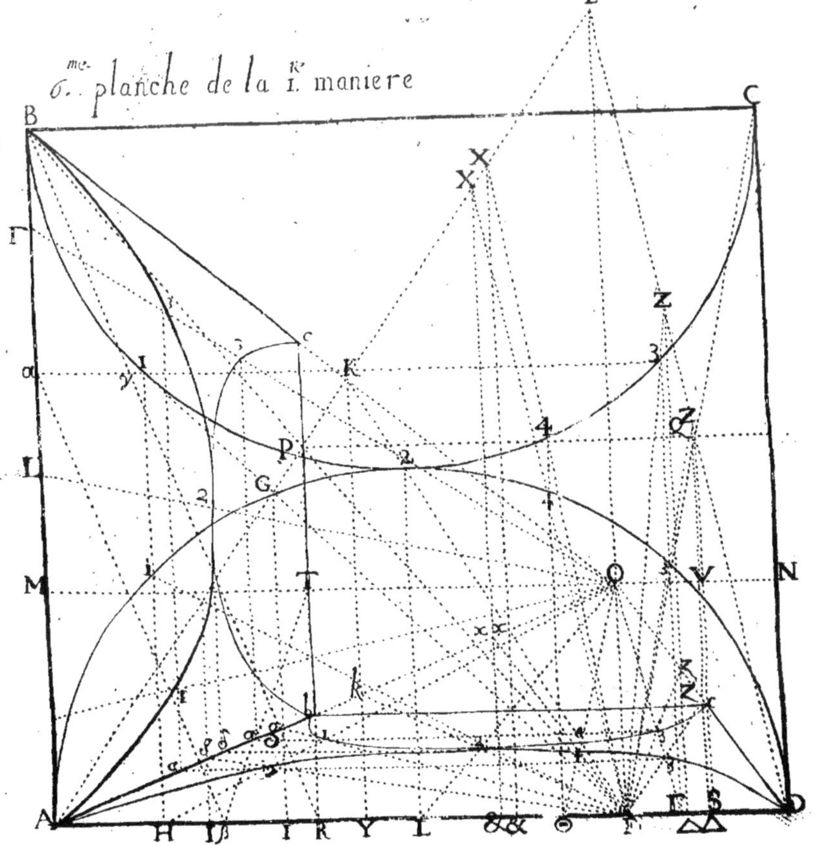

iusques à la lig. D E, au poi. Z) l'autre 3 Γ, perpend. à A D: Puis du poi. Z, ayant tiré la lig. Z Δ, perpend. à A D, pour couper D O, au poi. ζ, ie tire la lig. F ζ, qui sera coupée par la ligne Γ O, au poi. 3, image du poi. 3, proposé. L'image du poi. 3, est facile à trouuer par le moien de l'image du poi. 1, de laquelle image tirant vne ligne parallele à la ligne de terre A D, iusques à Γ O, elle y marquera le poi. 3, requis, pour image du poi. 3, de chacune ligne courbe. Et pour trouuer l'image du poi. 4, de l'vne, ou de l'autre ligne courbe, du poi. F, ie tire vne lig. par le poi. 4, Geometral iusques à la lig. A E, au poi. X, duquel ie tire X &, perpend. sur A D, pour couper A O, au poi. *x*, duquel ie tire vne lig. au poi. F; puis du poi. 4, Geometral ie tire perpend. vne lig. sur A D, au poi. ⊙, duquel au poi. de veuë O, ie tire vne lig. qui coupe la lig. F *x*, au poi. 4, requis. Par ces sept poi. 1, 1, 2, 3, 3, 4, 4, trouuez sur le plan Perspectif, & des angles A, D, & des angles *b*, *c*, qui sont les images de B, C, il faudra conduire le crayon le plus dextrement qu'on pourra, ce qui se fera tant plus exactement, que plus l'on aura trouué de poi. sur le tableau, pour images d'autant de points prins sur la ligne courbe B 2 C, proposée. Vous voyez en céte sixiéme planche, que ie trouue sur le tableau les images des poi. donnez dans le quarré Geometral, d'vne façon plus conuenable à ma premiere maniere, que n'est celle de la quatriéme planche, suiuant laquelle i'ay donné le poi. 1, en céte-cy, pour faire voir que l'vne & l'autre pratique, produisent méme effet. Mais pour accomplir ce que i'ay proposé au commencement de ce discours, sçauoir est de montrer le moien de tracer sur le plan Perspectif vertical A B *c b*, comme si c'étoit vn miroir, les images des deux lignes courbes données dans le plan Geomètral; ie note sur le côté A B, les poi. H, L, Γ, distans entr'eux comme sont ceux du côté A D, & de ces poi. ie tire trois lignes au point principal O; puis par les poi. 3, 1, 2, 3, 1, du plan horizontal, ie tire trois lig. paralleles au côté A D, iusques à la lig. A O, qui la rencontrent és poi. α, δ, α, dêquels ie leue trois lig. perpend. au plan Perspectif, & par consequent paral. au côté A B: De ces trois lig. les deux qui sont leuées sur les poi. α, α, coupans les lig. H O, Γ O, és poi. 1, 1, 3, 3; & la lig. leuée sur δ, rencontrant la lig. L O, au poi. 2, donnent à connoître suffisamment (par leurs intersections) comme il faut conduire le crayon.

Explication de la septiéme planche.

POVR satisfaire à ce que i'ay promis, tant par le titre de ce traité, que par ma Preface, ie fais connoître clairement par céte septiéme planche de céte premiere maniere, (ce que ie peux aussi par l'vne, ou l'autre des trois autres) que la pratique des transports selon Guy d'Vbalde, Duc d'Vrbin, ou de Salomon de Caux, & autres, est grandemẽt longue, peu expeditiue, & qui ne peut étre pratiquée dans le tableau donné, comme l'on peut faire par l'vne, ou l'autre de mes quatre manieres.

Ie me sers donc d'vne exemple, que i'ay extrait du traité de Perspectiue de S. de Caux, qui est vn Cube [marqué par ce mot *Scenographie*] veu obliquement par l'vne de ces côtes, ou arrêtes (sçauoir *c g*, ou F *g*, ou 3 7.) Les six côtez de ce Cube sont a b c d, ou 1. 2. 3. 4, qui ne peut être veu; & son opposé e f g h, ou 5. 6. 7. 8; a b f e, ou 1. 2. 6. 5, qu'on ne peut voir: & son opposé c d h g, ou 3. 4. 8. 7: Puis a d h e, ou 1. 4. 8. 5, qui ne peut aussi étre veu; & son opposé b c g f, ou 2. 3. 7. 6.

Or pour le construire selon céte premiere maniere, aprés que i'ay disposé sur les côtés du quarré Geometral A B C D, du tableau proposé A B G C D, les poincts a, b, c, d, d'vn quarré à tracer, si l'on le veut, comme celuy de Caux, qu'il nomme *Ichnographie* sur son *Orthographie*, & trouué son plan Perspectif a b c d, dans le quarré Perspectif A *b c* D, du tableau, comme par les precedentes planches, i'en trouue la hauteur, & particulierement de chacune de ces arrêtes, ou côtes perpendiculaires au plan Perspectif comme s'ensuit. Et premierement pour auoir celle qui est plus éloignée de la ligne de terre A D, sçauoir est a e, leuée perpend. sur le côté *b c*, du plan Perspectif A *b c* D; du point a [qui est sur B C] du quarré à tracer entre les points a, b, c, d, ou a, b, F, d [que ie n'ay tracé pour éuiter confusion] ie tire perpend. sur A D, la ligne a A, & du point A, vers le point principal O, ie tire vne ligne, que ie termine au poi. a, sur lequel ie leue vne perpend. infinie; & pour la couper au poi. e, sur la perpend. a A, ie fais A ⊖, égale à l'vn des côtés du quarré Geometral a b c d, [que ie n'ay tracé entre les poi. a b c d, qui sont sur les quatre côtés du quarré Geometral A B C D] & du poi. ⊖, au poi. principal O, ie tire vne ligne, qui coupant au point e, ladite perpend. infinie, leuée

Icy la ſeptiéme planche.

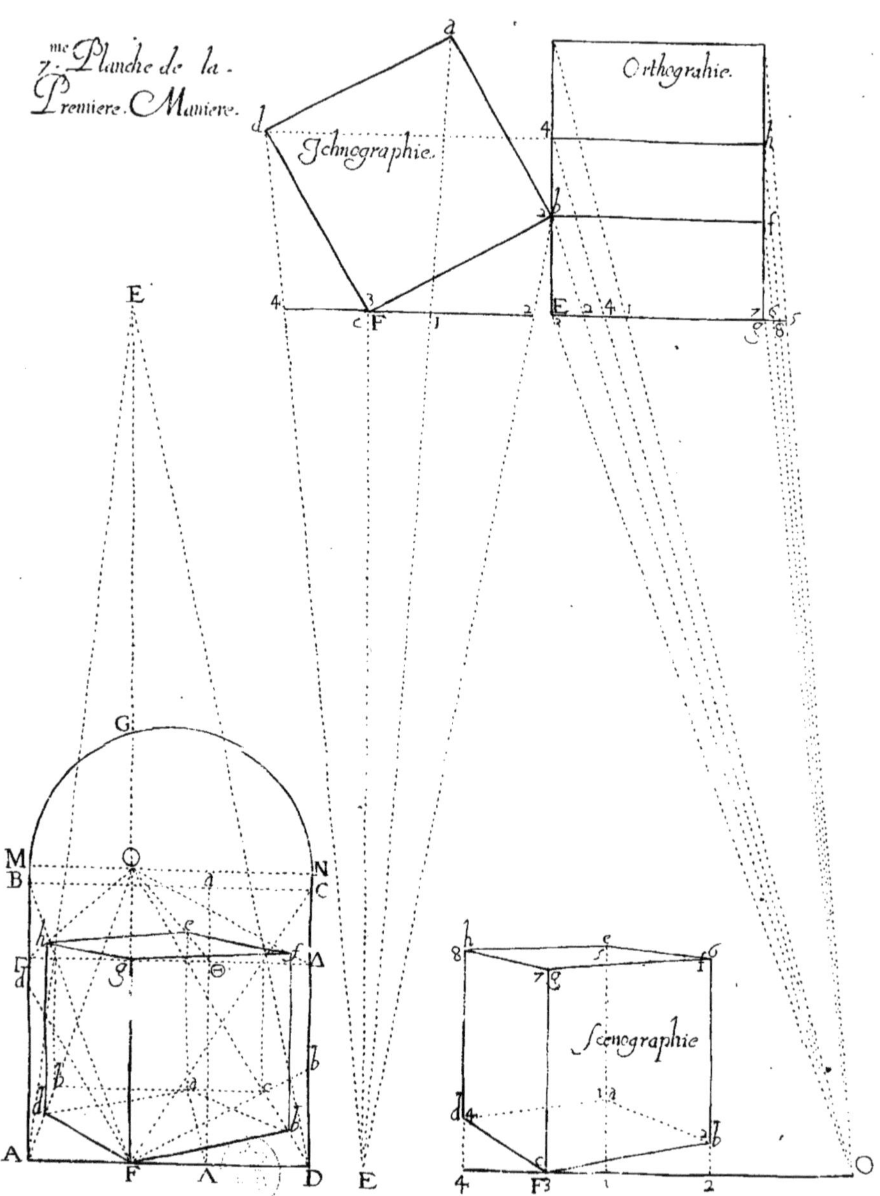

ſur le poi. a, qui eſt ſur le côté *b c*, du quarré Perſpectif A *b* *c* D, i'ay l'arrête a e, ou côte requiſe du Cube propoſé.

Ce

Ce fait pour auoir celle qui est leuée perpend. sur le poi. b, du côté D *c*, du quarré A *b c* D, sçauoir l'arrête b f, sur le coté D C, du quarré Geometral A B C D, ie fais égale à l'vn des côtez du quarré Geom. a b c d, la ligne D △, & du poi. △, ie tire vne ligne au poi. principal O, que ie coupe au poi. f, par la lig. b f, leuée perpend. selon le requis : Ie fais le même pour auoir la côte d h, leuée perpend. sur le poi. d, du côté A *b*, du plan Perspectif A *b c* D. Finalement la côte F g, perpend. à la ligne de terre A D, étant égale à l'vn des côtés du quarré Geom. a b c d. & de son poi. superieur g, tirant deux lignes aux poi. f, h, & de ces poi. au poi. e, deux autres, l'on aura le Cube proposé, ou *Scenographie*, selon Guy d'Vbalde, ou de Caux, qu'ils trouuent par le moien de leur *Ichnographie*, & *Orthographie* comme s'ensuit. L'*Ichnographie*, & *Orthographie*, étant disposées comme vous les voyez ; l'on tire vne ligne infinie, parallele à l'horizon, prés ou loin de l'*Ichnographie*, laquelle lig. l'on nomme lig. taillée : puis des trois angles a, b, d, de l'*Ichnographie*, l'on tire trois lig. au poi. determiné pour l'éloignement, qui est icy E, [non gueres éloigné de l'angle D, du tableau] lêquelles trois lig. coupent la ligne taillée, ou plûtost à tailler, és poi. 1, 2, 4, qu'on transporte sur la ligne de terre 4 F O, auec ses mesures, sur lêquelles l'on trouue les hauteurs de la *Scenographie* comme s'ensuit : L'on dresse perpend. à l'horizon la base 1. 3, ou 1 E, de l'*Orthographie*, laquelle base l'on produit autant qu'est longue la ligne d'éloignement E F, laquelle fait angle droit au poi. F, auec la ligne taillée 4. 2, de l'*Ichnographie*, & au poi. F, extréme de la lig. de l'éloignement de l'*Orthographie*, l'on fait aussi l'angle droit E F O ; & au poi. O [extréme de la hauteur F O, du regardant] de touts les poi. de l'*Orthographie*, l'on tire des lignes, pour couper la lig. taillée 3. 5, ou E 5, (qu'on recule autant de l'*Orthographie* qu'on veut que la *Scenographie* soit petite) sur laquelle l'on prend, auec le compas commun, chacune hauteur du Cube pour la transporter sur les poi. 1. 2, 3, 4, de la ligne de terre 4 F O ; comme pour exemple, pour auoir la hauteur a e, ou 1. 5, semblable à celle que i'ay cy-dessus leuée perpend. sur le côté *b c*, du quarré Perspectif A *b c* D, l'on prend auec le compas toute la ligne taillée 3 5, ou E 5, que l'on transporte perpend. sur le poi. 1, de la lig. 4 F O, qui est sous la *Scenographie*; & pour retrancher céte perpend. 1 e, ou 1. 5, au poi. a, ou 1 (afin que le reste soit la côte, ou arrête a e, ou 1. 5, qui ne peut étre veuë) auec le compas l'on prend la partie 3. 1, ou E 1, de la lig. taillée 3. 5, ou E 5. De plus, pour auoir la hauteur *Scenographique*, b f, ou 2. 6, & par consequent toute la lig. 2. 6, ou 2 f, leuée perpend. sur le poi. 2, de la susdite lig. 4 F O, paral. à l'horizon; l'on la prend sur la ligne taillée 3. 5, ou E 5, mettant l'vne des pointe du compas au poi. E, ou 3, & l'autre au poi. 6, & son retranchement se prend depuis E, ou 3, iusques à 2, qu'on transporte sur la lig. 2. 6, ou 2 f, leuée perpend. sur le poi. 2, de la lig. de terre A D, & ainsi des autres.

Et pource que par le tiltre de ce traité i'ay proposé de ne sortir point des bornes du tableau donné, voyez le discours que i'ay fait sur la troisiéme planche de céte premiere maniere.

Explication de la huitiéme planche de la 1. maniere.

ETANT prest de passer à la deuxiéme maniere, i'ay ietté la veuë sur la troisiéme planche de la Perspectiue curieuse du P. Niceron, & sur le discours qu'il en fait à la fin de la troisiéme proposition de son premier liure en ces mots.

Combien que pour l'ordinaire la figure, qui represente le cercle au tableau soit vne ouale, ou ellipse, comme l'on reconnoistra en operant: neanmoins par la cinquiéme du premier des Conique d'Apollonius, il se peut faire autrement, sçauoir quand vn cone scalene est coupé d'vne section soucontraire: car en ce cas l'apparence méme du cercle, est aussi vn cercle parfait: ce qui a donné occasion aux deux suiuantes propositions, qui sont assez curieuses, pour le racourcissement des plans. La premiere; Vn cercle étant donné en vn plan, le point de distance étant pareillement donné, & la section, ou le tableau reposant perpend. sur le plan, trouuer la hauteur de l'œil, selon laquelle, le cercle étant mis en Perspectiue, son apparence soit aussi vn cercle parfait. La seconde; Vn cercle étant donné en vn plan, la hauteur de l'œil étant pareillement donnée, & la section, ou le tableau reposant perpend. sur le plan, trouuer la distance selon laquelle le cercle étant mis en Perspectiue, son apparence soit aussi vn cercle parfait.

Faisant reflexion sur sa maniere i'ay pris plaisir d'essayer si ie pourrois rencontrer par la mienne, ce qu'il a fait par la sienne, comme s'ensuit: Dans le quarré A B C D (duquel ie produis les côtez AB, DC, peu moins que B H, ou C H) i'ay inscrit

Icy la huitiéme planche de la 1. maniere.

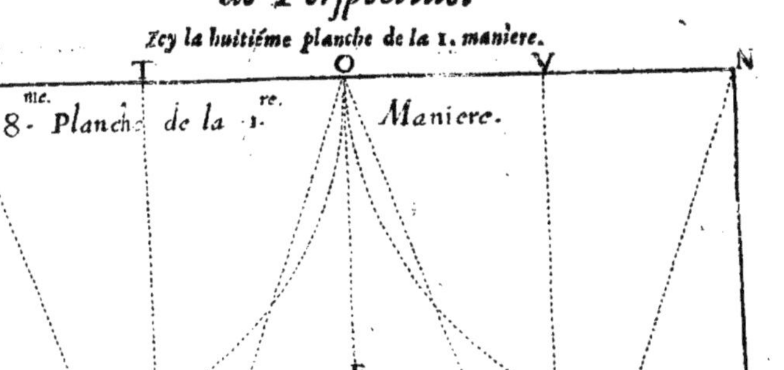

le cercle F Γ H Δ, & tracé les diametrales F H, Γ Δ, s'entrecoupans au poi. G, comme auſſi font les diagonales, que i'ay tirées des poi. A, B, aux poi. C, D; par le moien dêquelles diagonales, ie trouue la lig. horizontale M N, & par conſequent le poi. principal O, car elles coupent les quadrans H Γ, H Δ, chacun par la moitié és poi. I, K: puis ie diuiſe les parties H I, I K, par la moitié aux poi. ✠, ✠, & du poi. H, comme centre, ie décris l'arc ✠ L ✠, qui coupe le diametre F H, au poi. L, par lequel du poi. F, comme centre, interualle F L, ie d'écris vn arc qui rencontre les demies diagonales B G, C G, aux poi.

X, Y, par lêquels, du poi. F, ie tire les lig. F M, F N, & où elles rencontrent les côtez A B, D C, produits, comme dit est, sçauoir est aux poi. M, N, i'ay les termes de la ligne horizontale requise, sur le milieu de laquelle, comme i'ay dit, est le point principal O. Ce fait pour auoir le point d'éloignement E, des poi. M, N, comme centres, interualle M O, N O, ie d'écris deux arcs, qui rencontrent les lig. F M, F N, aux poi. *, *, & du poi. F, comme centre, interuall' F *, ie d'écris vn arc, qui coupe la lig. F O (hauteur de l'œil) aux poi. d'éloignement E, requis, auquel des poi. A, D, ie tire deux lignes, & des poi. B, C, au poi. F, deux autres, qui s'entrecoupent aux poi. P, Q, pour tirer par iceux les lig. R T, S V, paral. & égales à la lig. F O; puis du poi. O, aux poi. A, D, ie tire deux lignes, qui coupent lesdites lig. R T, S V, aux poi. *b*, *c*, pour auoir le quarré Perspectif A *b c* D, dans lequel il faut inscrire le cercle F γ *b* δ, auec le compas commun, diuisant par la moitié la lig. F *b*, au poi. », qui n'en est pas le centre Perspectif, mais plustost *g*. L'on peut auoir ce poi. *g*, & par consequent le diametre γ δ (qui est l'apparence, image, ou Perspectiue du diametre Γ Δ) par trois moiens. Par le premier, il ne faut que tirer les diagonales A *c*, D *b*, s'entrecoupans au poi. *g*. Par le second, du poi. F, comme centre, interuall' F H, soit d'écrit l'arc Z &, puis sur le poi. Z, (qui est sous le poi. B) soit posée l'vne des pointes du compas, & l'autre sur la demie diagonale D G, où elle coupe le quadrant F Δ, au poi. Z, pour d'écrire vn arc qui coupe F D, au poi. Z; de méme façon soit trouué le poi. &, sur A F : puis de ces poi. Z, &, (sur A D) soient tirées deux lig. au poi. H, pour couper les demies diagonales A G, D G, és poi. ε, ζ. Par aprés soit diuisée la partie H L, du diametre H F, par la moitié au poi. ✠, duquel, côme centre, interualle ✠ ε, ou ✠ ζ, soit décrit l'arc γ » δ, pour auoir le diametre Persp. γ δ, & son centre Persp. *g*, & son centre Geom. ». Par le 3me. moien, soit diuisée la demie diagonale A G, en 5. parts égales, à l'vne dêquelles soit égale G », & le reste comme cy-dessus. Quoy que par céte 1re. maniere l'on aye suffisamment tout le secret de la Persp. i'ay pourtant prins plaisir à mes heures de recreation d'en donner encor trois autres à choisir aux Curieux.

Fin de la Premiere maniere.

SECONDE MANIERE.

Icy la premiere & seconde planche.

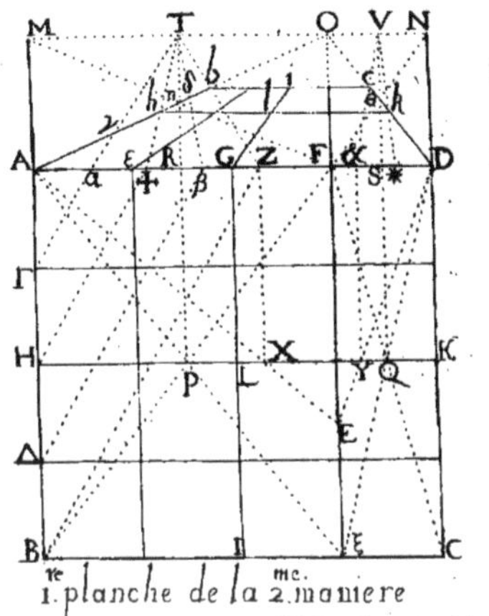

1.re planche de la 2.me maniere

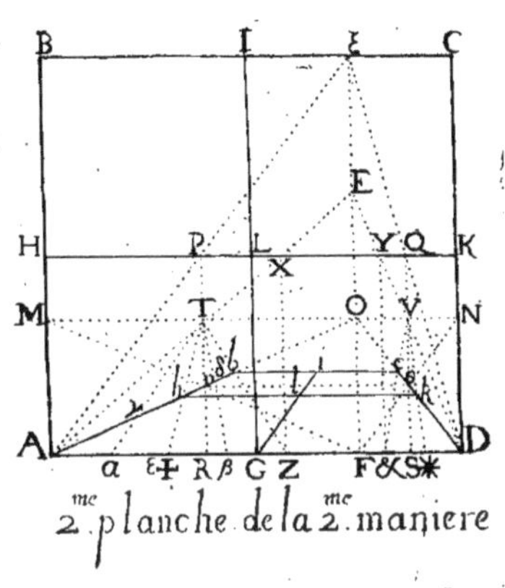

2.me planche de la 2.me maniere

PAR céte seconde maniere, ie reduis le quarré Geometral A B C D, en vn plan Perspectif semblable à celuy des premieres planches de la premiere maniere : Et premierement ie pose le poi. d'éloignement E, dans le quarré (quoy que trop proche de la lig. de terre A D, selon l'opinion de quelques-vns) comme en céte premiere planche, en laquelle ie me sers de la lig. H K, passant par le poi. L, centre du quarré, & parallele au côté A D, pour couper les triangles B F C, A E D, és poi. P, Q, X, Y, pour de ces quatre poi. leuer sur icelle lig. H K, quatre Perpendiculaires iusques à la lig. de terre A D, la rencontrant aux poi. R, S, Z, &: Et sur icelle lig. A D, des poi. R, S, faut leuer deux perpend. iusques à l'horizontale M N, aux poi. T, V, (qui y seruent de tiers-points selon l'vsage de quelques Anciens) & de ces poi. aux poi. Z, &, faut tirer deux lig. qui coupent A O, D O, aux poi. *b*, *c*, qui ioints par la lig. *bc*, termineront le quarré Perspectif A *b c* D.

Remarquez que si le poi. d'éloignement se trouue sur la lig. H K, (quoy qu'étant là il seroit trop proche du tableau, selon les raisons cy-dessus) alors les poi. Z, &, se trouueront ensemble au poi. F. Mais suffist en céte maniere de diuiser par la moitié les parties A F, D F, de la lig. A D, pour auoir les poi. R, S; voir méme il n'est point necessaire de trouuer ces deux poi. R, S, pour auoir par leur moien les poi. T, V: car il ne faudra que diuiser les parties M O, N O, de l'horizontale, chacune par la moitié, comme en effet ie les ay retranchées tant en la 2. qu'en la 4. planche, en chacune dêquelles le quarré Geom. est releué contre le mur, ou tableau. De sorte que vous voyez que les lig. B F, C F, P R, Q S, de la 1. planche, ny méme R T, S V, ne sont point necessaire en ce cas. Et pour auoir *h k*, image de H K, du plan Geom. ie diuise les parties A Z, D &, du côté A D, chacune par la moitié aux poi. ✠, *, dêquels ie tire deux lig. aux poi. T, V, qui coupans A O, D O, aux poi. *h*, *k*, me donnent la ligne *h k*, image requise de la lig. H K. Or la lig. G *i*, qui coupe *h k*, au poi. *l*, est l'image de la lig. G I, du plan Geom. qui coupant la lig. H K, au poi. L, diuise le grand quarré Geom. en quatre petits; & par consequent le quarré Perspectif A *b c* D, se trouuera par ce moien semblablement diuisé en quatre petits. Et si, comme en la 1. planche de la premiere maniere, ie veux auoir plusieurs autres quarrés Perspectifs que ces 4. sçauoir, pour exemple, que chacun soit diuisé en 4. autres, qui seroient 16. quarrés pour tout le plan Perspectif, alors ie diuise les parties A ✠, ✠ Z, chacune par la moitié és poi. α, β, dêquels au poi. T, ie tire deux lig. qui coupent A O, és poi. γ, δ, & fais de méme des parties D *, * &, pour tirer 2. lig. au poi. V: & puis aprés ie diuise les parties égales AG, DG, chacune par la moitié és poi. ε, F (lequel poi. F, s'est trouué par rencontre) & d'iceux ie tire deux lig. au poi. principal O; ce fait i'auray le plan Perspectif A *b c* D, diuisé en 16. quarrés.

Si la ligne d'éloignement est produite sur le côté B C, au poi. ξ, qui soit le pied du regardant; des poi. T, V, trouuez par l'abregé cy-dessus, ie n'ay qu'à tirer deux perpend. sur la lig. A D, qui coupans A O, D O, és poi. η, θ, me donneront le quarré Perspectif A η θ D, image du quarré A B C D, pour la distance F ξ.

Icy la troisiéme planche de la 2. maniere.

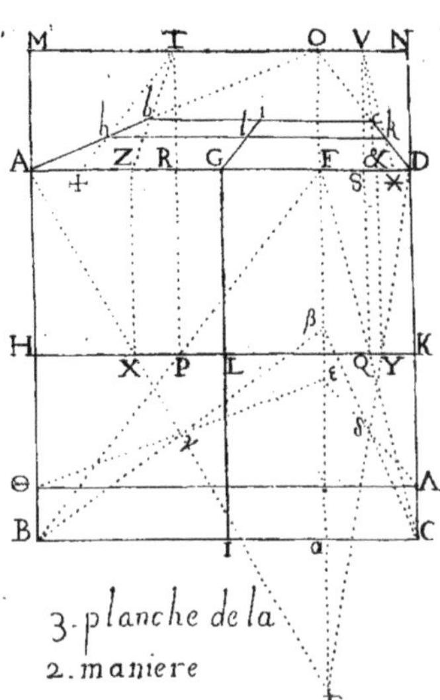

3. planche de la
2. maniere

IL faut remarquer qu'en céte seconde maniere le poi. d'éloignemẽt E, étant dedãs le quarré Geom. (comme il est és deux premieres planches) les poi. Z, &, sont plus proches du poi. F, que les poi. R, S. Et tout au contraire en céte troisiéme planche, en laquelle vous voyez les poi. R, S, plus proches du poi. F, que les poi. Z, &, à cause que le poi. d'éloignement E, est hors le quarré: & quand le poi. E, se trouue sur le côté B C, les poi. Z, R, seront ensemble, comme aussi les poi. &, S. Et si (selon ce qu'a été declaré en la 2. planche de la 1. maniere) l'on n'a la commodité de tirer la ligne F E, hors le côté B C, ou hors Θ Λ, à cause qu'en ce lieu seroient balustres, degrez, ou mur, qui empescheroiẽt que l'on ne se peust reculer pour voir, selon la distance requise, vne representation de Perspectiue sur le mur, ou tableau; & que céte distance E F, fût connuë, comme aussi la lig. de terre A D: Alors il faut à l'excés E α, ou E Ξ, faire égale F β, ou F ε, & du poi. β, aux poi. B, C, ou du poi. ε, aux poi. Θ, Λ, soient tirées deux lig. qu'il faut diuiser chacune par la moitié aux poi. γ, δ, dêquels aux poi. A, D, faut tirer deux lig. aux poi. X, Y, tout de méme que si elles étoient tirées du poi. E. Si la lig. d'éloignement est si grande, qu'elle sorte du quarré donné, de l'étenduë de la lig. A D, ou dauantage, & que sa grandeur soit connuë, par exemple, si la lig. A D, étant de 15. pieds, & la lig. E F, est de 50. ie fais comme i'ay fait en la 3 planche de la premiere maniere, & comme vous verrez cy-aprés en la 2. figure des 4. qui sont contenuës en la 5. planche de la 4. maniere.

Icy la quatriéme planche de la 2. maniere.

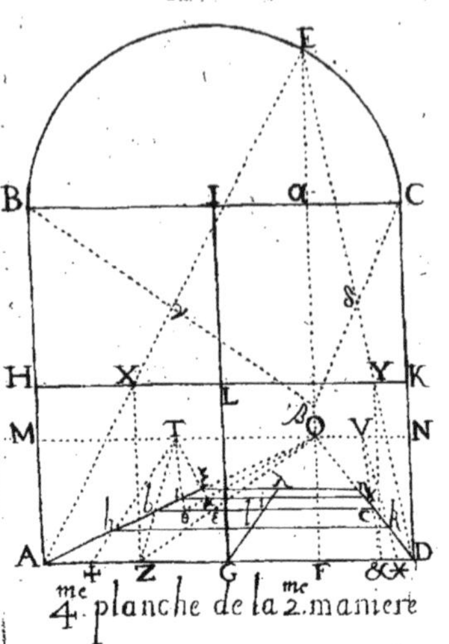

4me planche de la 2.me maniere

LA precedente troisiéme planche de céte seconde maniere (en laquelle le plan Geometral est hors le tableau) n'a été que pour faire mieux conceuoir céte presente quatriéme planche, en laquelle l'on doit entendre le quarré Geometral étre tracé sur le mur, ou tableau. Pour donc, en céte quatriéme planche, trouuer vn autre quarré Perspectif en suite du premier A *b c* D; du poi. Z, ie tire Z O, qui coupe le côté *b c*, au poi. ε, duquel au poi. T, ie tire vne lig. qui coupe A O, au poi. ξ, duquel ie tire vne parallele à l'horizon, iusques à D O, au poi. η; & pour diuiser ce nouueau quarré Perspectif *b* ξ η *c*; comme i'ay diuisé en deux également la partie A Z, du côté A D, au poi. ✠, pour auoir sur A O, le poi. *h*, de méme ie diuise par la moitié au poi. θ, la partie *b* ε, du côté *b c*, pour auoir sur la méme A O, le poi. ι, duquel ie tire ι κ, parallele à l'horizon; laquelle l'on peut encor auoir la tirant par la section qui se fait des lignes ε T, θ O, au poi. μ. Si l'on veut vn troisiéme quarré Perspectif, il faut sur le coté ξ η, faire comme a été fait sur les côtez A D, *b c*, pour auoir les deux precedents.

Icy la cinquiéme planche de la seconde maniere.

EN céte cinquiéme planche le plan Geom. A B C D, qui est sous la ligne de terre A D, & le triangle dans iceluy, ne sert que pour faire entendre ce que i'ay tracé sur le mur, ou tableau A B E C D, en forme de voûte, dans lequel la lig. E F, est la distance de l'œil, & la lig. H K (necessaire pour céte seconde maniere) est coupée par les lig. A E, D E, aux poi. X, Y, dêquels sur la lig. de terre A D, sont tirées deux lig. perpend. qui la coupent aux poi. Z, &, comme és planches precedentes. A la méme A D, à été faite paral. l'horiz. M N, sur laquelle le poi. O, sert de poi. principal par toutes les planches de ce traité. Puis ayant diuisé (comme és precedentes planches, & par repetition pour mieux instruire) les parties M O, N O, de la lig. horizontale, chacune par la moitié aux poi. T, V, d'iceux aux poi. Z, &, i'ay

tiré

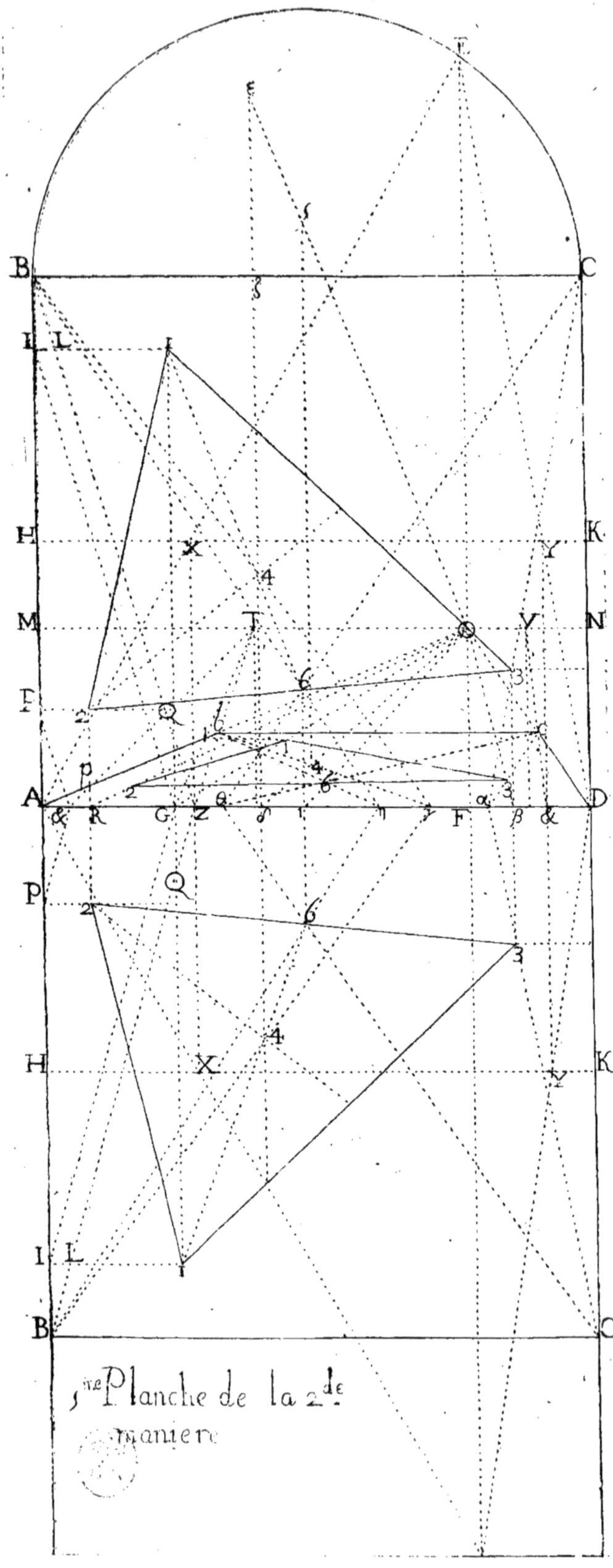

1re Planche de la 2de maniere

tiré deux lig. qui coupans A O, D O, aux poi. *b*, *c*, mê donnent le quarré Perſp. A *b c* D, dans lequel ie veux repreſenter l'image d'vn triangle, duquel les angles ſont marquez par 1. 2. 3, & ſon centre par 4, & ſur ce poi. 4, vn poi. en l'air, marqué par 5, éleué perpend. par exemple, de la hauteur de vingt pieds.

Céte pratique bien entenduë, facilitera le moien de reduire en Perſp. tous poi. & lig. qu'on voudra. Or pour trouuer l'image du premier poi. par vne pratique qui conuient à céte 2. maniere; de ce poi. ie tire les lig. 1 G, 1 I, qui coupent perpend. les côtez A D, A B, du quarré A B C D, aux poi. G, I: puis du poi. B, au poi. Z, ie tire vne lig. qui coupe la lig. I 1, au poi L, & du poi. I, ie tire I G, paral. à B Z; & du poi. G, ie tire les lig. G O, G T: puis du poi. *i*, ou G T, coupe A O, ie tire vne ligne paral. à A D, qui coupant G O, au poi. 1, me donne l'image du point 1, du plan Geometral. *Il faut remarquer que c'eſt par rencontre que la ligne tirée du point* 1, *perpend. à* A D, *& la lig. tirée du poi.* I, *paral. à* B Z, *ſont tombées ſur la ligne* A D, *en vn méme point* G.

Maintenant pour auoir l'image du poi. 2, par ce poi. ie tire P Q, paral. à la lig. de terre A D, & qui coupe B Z, au poi. Q; à laquelle P Q, ſur A D, ie fais égale Z, &. Puis du poi. &, ie fais comme i'ay fait du poi. G, pour auoir le poi. *i*, ſur A *b*, & tire & T, qui coupe A *b*, au poi. *p*. Puis du poi. 2, Geom. ie tire 2 R, perpend. à la ligne de terre A D; & du poi. R, ie tire R O, laquelle ie coupe au poi. 2, requis, par vne lig. que ie tire du poi. *p*, paral. à la lig. de terre A D. Céte pratique eſt commode pour trouuer tels poi. qu'on deſirera ſur les côtez Perſpectifs A *b*, D *c*, comme vous voyez les poi. *i*, *p*, images des poi. I, P; & tels parallelogrames qu'on voudra reduire en Perſpectiue, comme vous voyez les parallelogrames A *i* 1 G, A *p* 2 R. Mais voicy la pratique des Anciens, fort commode pour trouuer les images des poincts. Pour auoir donc l'image du poi. 3, Geom. Par ce poi. du poi. C, ie tire C α, & du poi. α, ie tire vne lig. au poi. *c*; (image du poi. C, & par conſequent le triangle D α *c*, eſt l'image du triangle D α C,) puis du poi. 3, ie tire vne paral. au côté D C, ſur la lig. de terre A D, au poi β, duquel au poi. O, ie tire la lig. β O qui coupe α *c*, au poi. 3, qui eſt l'image du poi. 3, Geom. Et pour auoir l'image du poi. 4, (centre du triangle Geom.) de l'angle B, du quarré Geom. par ce poi. 4, ie tire vne lig. qui rencontre le côté A D, au poi. γ, duquel à l'angle *b*, du quarré Perſpectif, ie tire vne ligne: puis dudit poi. 4, Geometral ie tire vne paral. au côté A B, qui rencontre le côté A D, au poi. δ, duquel au poi. O, ie tire la lig. δ O, qui coupe $b\,\gamma$, image de B γ, au poi. 4, qui eſt l'image du point 4, du plan Geom. & par conſequẽt le centre du triangle Perſpectif. Sur ce poi. 4, Perſp. ſi l'on veut vn point en l'air, éleué perpend. pour exemple, à la hauteur de 20. pieds, il faut ſur le poi. δ, leuer la perpend. $\delta\,\epsilon$, de 20. pieds, & du poi. ϵ, tirer la lig. ϵ O, laquelle ſoit coupée au poi. 5, comme vous voyez, par la lig. 4. 5, paral. à $\delta\,\epsilon$, & ce poi. 5, ſera l'image du poi. en l'air, que i'ay ſuppoſé éleué ſur le centre du triangle Geom. duquel poi. 5, ſi l'on tire trois lig. aux angles 1, 2, 3, du triangle Perſp. elles formeront vne pyramide triangulaire. Si ie veux auoir le poi. 6, qui eſt au milieu du côté 2. 3, du triangle Geom. des angles B, C, du quarré Geomet. par ce poi. 6, ie tire deux lig. ſur le côté A D, aux poi. η, θ, & d'iceux aux angles *b*, *c*, du quarré Perſp. ie tire deux lignes, qui s'entrecoupent au poi. 6, image requiſe. Ou du poi. 6, Geom. ie tire ſur le côté A D, vne lig. qui luy eſt perpend. & qui la rencontre au poi. ι, duquel au poi. principal O, ie tire ι O, qui coupe le côté 2. 3, du triangle Perſp. au poi. 6.

Icy la ſixiéme planche de la 2. maniere.

AV milieu du plan Perſpectif A *b c* D, de céte ſixiéme planche, ie donne l'inuention de repreſenter vne montée de trois marches en quarré (comme ſi chacune d'icelle étoit d'vne ſeule pierre, ou de bois) veües par l'vn de leurs angles (que ie nomme ſolides de ſolides, comme eſt l'angle ſolide G, compoſé des lig. G *h*, G *k*, & de la lig. G 1, leuée perpend. ſur la lig. de terre A D, & céte lig. G 1, eſt la hauteur, ou épaiſſeur du premier ſolide, dont la baſe repoſe ſur le plan Perſp. A *b c* D). Sur la face ſuperieure de ce premier ſolide (dont chacun des huit angles ſolides eſt marqué par 1,) repoſe le ſecond ſolide (dont chacun des huit angles ſolides inferieurs, & ſuperieurs eſt marqué par 2). Puis ſur la face ſuperieure de ce ſecond ſolide repoſe le troiſiéme ſolide (dont chacun des angles ſolides ſuperieurs, & inferieurs eſt marqué par 3). Et ſur la face ſuperieure de ce troiſiéme ſolide repoſe vn Cube (dont chacun des huit angles eſt marqué par 4). Et finalement ſur la face ſuperieure de ce

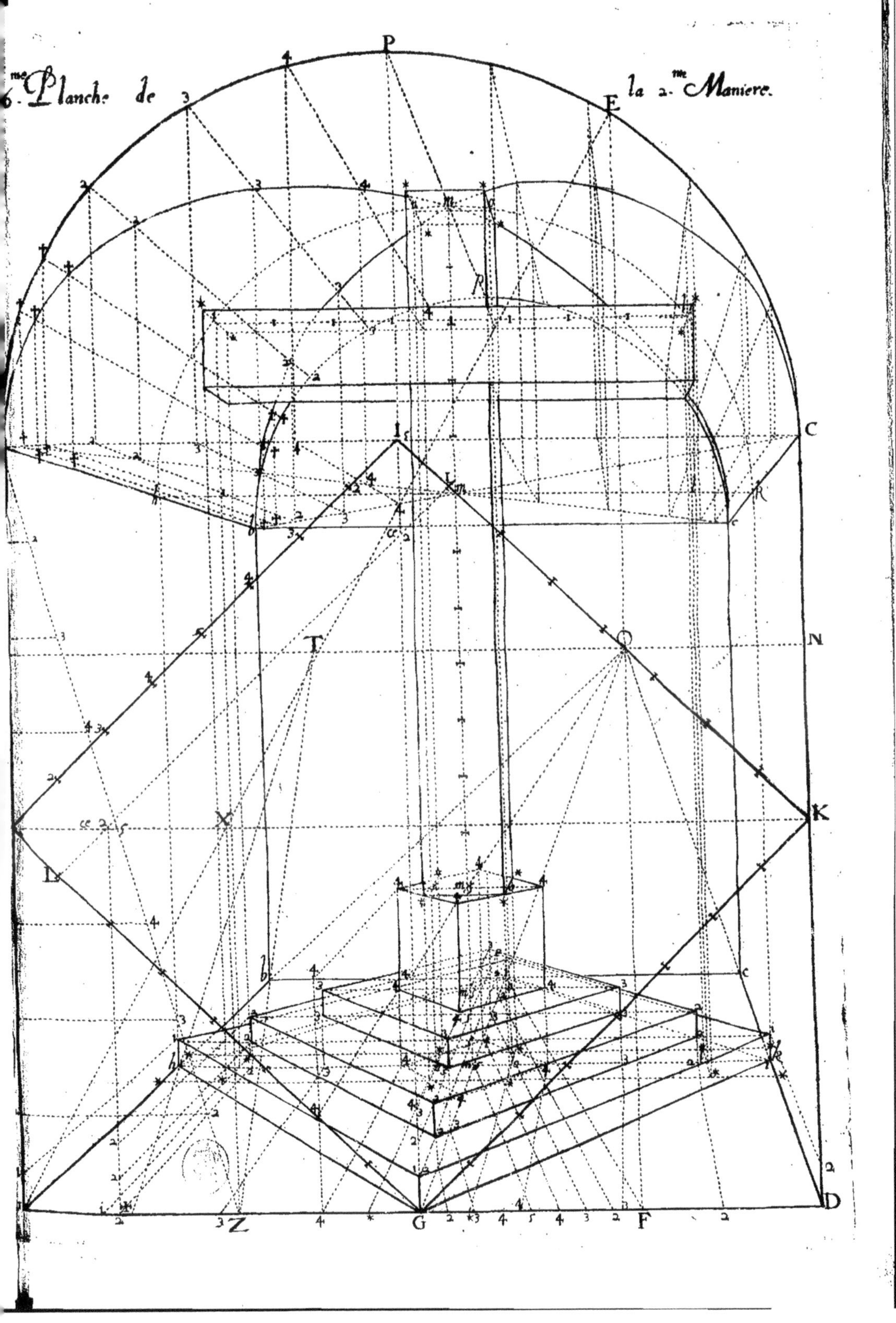
6.me Planche de la 2.me Maniere.
P
E
C
N
O
T
X
K
L
D
F
G
Z

Cube eſt leuée vne croix, de laquelle ie donneray la conſtru-ction, aprés que i'auray donné la maniere de conſtruire les qua-tre ſolides cy-deſſus declarez ; & premierement d'où ils tirent leur origine, ſçauoir eſt du quarré Geom. G H I K, duquel pour en auoir l'image, ie cherche premieremẽt celle du quarré Geo. A B C D, comme i'ay fait par les precedentes planches de céte ſeconde maniere, & des poi. H, K, dêquels les images ſont *h*, *k*, dans le plan Perſp. A *b c* D ; & pour ce faire (par repetition pour ceux qui ne ſe ſeroient donné la peine de ſpeculer, ou étudier les premieres planches) ayant déterminé ma lig. horizontale M N, & ſur icelle mon point principal O, pour veuë oblique, auquel poi. O, des poi. A, D, ie tire deux lignes ; & par ce méme poi. O, ma ligne d'éloignement E F ; puis au poi. E, du poi. A, i'ay tiré la lig. A E, que i'ay coupée par la lig. H K, au poi. X, duquel ſur la ligne de terre A D, i'ay tiré la perpend. X Z. Ce fait i'ay di-uiſé M O, par le milieu au poi. T, duquel au poi. Z, i'ay tiré vne ligne, pour couper A O, au poi. *b* (image, ou Perſp. de l'angle B, du quarré Geom. A B C D) & du poi. *b*, i'ay tiré vne lig. paral. à la lig. de terre A D, pour rencontrer la ligne D O, au point *c*, pour auoir par ce moien le plan Perſp. A *b c* D, image du plan Geom. A B C D. Ce fait, pour auoir ſur les côtez A *b*, D *c*, de ce plan Perſp. les poi. *h*, *k*, images des poi. Geometraux H, K, i'ay diuiſé la partie A Z, de la lig. de terre A D, par le milieu au poi. ✠, duquel i'ay tiré vne lig au poi. T, pour couper le côté A *b*, du quarré Perſp. au poi. *h*, & de ce poi. au côté D *c*, dudit plan Perſp. i'ay tiré *h k*, paral. à la lig. de terre A D : & pour di-uiſer céte lig. *h k*, par le milieu au poi. *m*, ou 5, i'ay tiré vne lig. du poi. G, (qui eſt au milieu de la lig. de terre A D) au poi. princi-pal O : puis pour diuiſer chacune moitié (ſçauoir eſt *h m*, ou *k m*) en quatre parts égales és poi. 2, 3, 4, i'ay diuiſé chacune des par-ties A G, D G, de la ligne de terre A D, és poi. 2, 3, 4, dêquels i'ay tiré autant de lig. vers le poi. principal O, & qui ne paſſent point la lig. *h k*, qui par ce moien eſt bien plus facilement diuiſée en huit parts égales que la lig. G *i*, image de la lig. G I, du plan Geometral. Céte lig. G I, ſeroit diuiſée en huit parties égales, ſi des 7. poi. du côté G H, aux 7. poi. de ſon côté oppoſé I K, (du quarré G H I K) l'on tiroit autant de lignes, comme i'ay tiré la lig. L L, qui coupant chacune des lig. G I, H K, au poi. *a*,

2, me donnent H α 2, ou I α 2, pour vne huitiéme partie de la ligne de terre A D, sur laquelle du poi. α, 2, qui est sur H K, i'ay tiré perpend. la lig. α 2 β 2, & du poi. β 2, i'ay tiré vne ligne vers le point principal, ou point de veuë O, non seulement pour marquer sur la lig. *h k*, le poi. 2, image du poi. α 2, de la lig. H K, mais encor pour leuer perpend. sur céte image, ou poi. 2, Persp. la petite lig. 2. 2, que i'ay diuisée en deux parties égales au poi. 2, dont la superieure 2. 2, est pour l'épaisseur de la seconde marche, ou seconde solide; & la partie inferieure, est l'éleuation de ce solide sur le plan Persp. laquelle épaisseur, & éleuation, tirét leur origine des poi. inferieurs 2, 2, de la lig. α 2 β 2, leuée perpẽd. sur A D. Au bas de céte lig. α 2 β 2, i'ay mis l'vne des huit parts de la lig. G H, (sçauoir H L) & ay diuisé céte partie par la moitié au poi. 2, duquel, & de ses poi. 2, β 2, superieur, & inferieur, de luy equidistants, i'ay (comme cy-dessus) tiré trois lignes vers le poi. de veuë O, pour auoir sur *h k*, ou seulement *h m*, la perpẽd. 2. 2, diuisée également au poi. 2, dont la partie inferieure est pour l'éleuation du second solide sur le plan Persp. & la partie superieure pour son épaisseur, est l'vne des quatre côtes, ou arrêtes de ce second solide, ou marche. Le méme se doit pratiquer pour auoir son arrête opposée, leuée perpend. sur le poi. 2, de la lig. *k. m.* Mais pour auoir celles qui sont leuées sur les poi. 2, 2, des lig. G *m*, *m i*, il les faut diuiser chacune en quatre parties égales Perspectiuement és poi. 2, 3, 4, comme s'ensuit: Il faut à A Z, faire égale G 1, ou G F, (qui par rencontre s'est trouuée égale à A Z) qu'il faut diuiser en huit parts égales, afin que des poi. de ces diuisions soient tirées autant de lig. vers le poi. T, pour diuiser la lig. G *i*, (image de la lig. G I) en huit parts égales Perspectiuement. Et s'il la falloit diuiser en parties inegales Persp. comme seroit la ligne G I, en parties inegales Geometriquement, il faudroit aussi diuiser le côté A B, en parties inegales, & du poi. B, au poi. Z, tirer vne lig. à laquelle des poincts qui seroient sur A B, faudroit tirer autant de lignes paral. à A Z, & auec le compas porter toutes ces grandeurs sur la ligne G F, ou G 1, mettant l'vne des pointes du compas sur le poi. G. comme pour exemple, la plus grande lig. G 2, de la lig. G F, est égale à la lig. 2. 2, paral. & plus prochaine de la base A Z, du triangle A B Z: & par méme exemple, la moindre lig. G 2, de la lig. G F, eſt égale à la lig. 2. 2, ſubtenduë à l'angle B, qui eſt immediatement la plus prochaine d'iceluy angle B, dudit triangle, & paral. à ſa baſe AZ. La lig. G *i*, étant donc diuiſée ſelon le requis, ſur ſes poi. extremes, ou ſur les bouts d'icelle, ſçauoir ſur G, & ſur *i*, ie leue perpend. au plan Perſp. deux lig. ſçauoir eſt G 1, *i* 1, qui ſeruent de côtes, ou arrêtes oppoſées pour le premier ſolide, duquel la hauteur eſt égale à la moitié d'vne des huit parties du côté GH. Du point extréme 1, de céte hauteur G 1, i'ay tiré vne lig. vers le poi. de veuë O, terminée par la perpend. *i* 1, & qui eſt l'vne des deux diagonales de la ſurface du premier ſolide. Pour auoir l'autre diagonale qui la coupe au poi. 5, il faut ſur les poi. *b*, *k*, [qui ſont perſpectiuement au milieu des côtez A *b*, D *c*, du quarré Perſp. A *b c* D] leuer deux perpendiculaires qu'il faut couper aux poi. 1, 1, par deux lig. tirées au poi. de veuë O, des poi. 1, 1, qui ſont ſur les côtez AB, DC, du quarré Geo. autant éloignés des angles A, D, qu'eſt haute la perpend. G 1, c'eſt à dire que les meſures A 1, D 1, ſoient égales à la perpend. G 1 : puis du poi. 1, extréme de la perpend. G 1, tirant deux lig. aux poi. 1, 1, extrémes des perpend. *b* 1, *k* 1, & de ces points deux autres au poi. 1, extréme de la perpend. *i* 1, l'on a la face ſuperieure du premier ſolide, qui repoſe immediatement ſur le plan Perſp. A *b c* D. Sur céte face ſuperieure, repoſe le ſecond ſolide, duquel tous les huit angles ſolides, ou les quatre arrêtes ſont marquées par le nombre 2. Pour auoir ſon arrête 2. 2, la plus prochaine de la lig. de terre AD, il faut ſur la lig. G I, vers G, faire la meſure 1. 2, égale à la perpend. G 1, & de ce poi. 2, tirer vne lig. vers le poi. O, laquelle il faut couper au poi. 2, par vne lig. qu'il faut leuer perpend. du poi. 2, qui eſt ſur la ligne G *m*, moitié de la lig. G *i*, qui diuiſe en deux également le plan Perſp. Céte perpend. 2. 2, ſe trouuera diuiſée par le milieu au point 2, par la lig. 1. 1, tirée vers le poi. O, du poi. 1, extréme de la perpend. G 1, laquelle lig. 1. 1, eſt [comme a été declaré cy-deſſus] l'vne des deux diagonales de la ſurface du premier ſolide, ou premier degré. De céte perpend. 2. 2, ainſi diuiſé par le milieu au poi. 2. la partie inferieure 2. 2, eſt l'éleuation de ce ſecond ſolide ſur le plan Perſp. & la partie ſuperieure 2. 2, eſt ſon épaiſſeur, ou arrête veuë, & la plus prochaine de la lig. de terre AD. A céte arrête, celle qui luy eſt oppoſée, & qui ne peut être veüe, tire son origine du poi. 2, qui est sur l'autre moitié *m i*, de la lig. G *i*. Sur la superficie de ce second solide (sur lequel, comme sur le premier, i'ay tiré les deux diagonales) repose le troisiéme, dont les huit angles solides, ou les quatre arrêtes sont marquées par le nombre 3 : pour auoir son arrête 3. 3, plus proche de la lig. de terre A D, il faut sur la lig. G I, vers G, faire 2. 3, égale à la grãdeur 2. 1, qui est dessous, ou à 1 G, qui est dessous 2. 1, & du poi. 3, (qui est sur la lig. G I) au poi. O, faut tirer vne lig. qu'il faut couper en deux endroits és poi. 3, 3 par deux perpend. au plan Persp. l'vne leuée du poi. 3, qui est sur la moitié G *m*, de la ligne G *i*; & l'autre leuée du poi. 3, qui est sur l'autre moitié *m i*, de ladite G *i*: & où ces perpend. couperont la diagonale 2. 2, du plã superieur du second solide, sçauoir est la diagonale tirée vers le poi. O, faut marquer 3, qui est l'angle solide inferieur du solide reposant sur le plan superieur du second solide. Par ce moien l'on a non seulement la prochaine arrête 3. 3, mais encor la plus éloignée qui luy est opposée, & plus prochaine du coté *b c*, du plan Persp. Et pour auoir l'vne ou l'autre des deux arrêtes 3. 3, 3. 3, chacune leuée perpend. sur l'autre diagonale 2. 2, de la superficie du second solide, & qui est paral. à l'horizon, ou à la lig. horizontale M N, il faut du poi. 3, qui est sur la partie A Z, de la lig. de terre A D, tirer vne ligne vers le poi. O, qui rencontre la lig. *h k*, au poi. 3, sur lequel faut leuer vne perpend. qui soit autant éleuée sur le plan superieur du second solide, que ce secõd solide est éleué sur le plan superieur du premier ; c'est à dire que céte arréte 3. 3, soit égale à l'arrête *h* 1, ou *k* 1, du premier solide. Et pour auoir le Cube ainsi éleué (sur la superficie duquel i'ay tiré semblablement deux diagonales comme i'ay fait aux deux solides inferieurs) comme vous le voyez sur le troisiéme solide: apres que i'ay diuisé la ligne de terre A D, en huit parties égales, chacune de la grandeur de la ligne H α 2, huitiéme partie de la ligne H K, des poi. 4, 4, équidistants du poi. G, ie tire deux lig. vers le poi. O, qui rencontrent la lig. *h k*, aux poi. 4, 4, dêquels, & des poi. 4, 4, qui sont sur la lig. G O, ou seulement G *i*, ie leue quatre perpend. infinie, que ie retranche pour auoir la hauteur du Cube sur les diagonales de la superficie du troisiéme solide, cõme s'ensuit : d'vn des côtez du quarré G H I K, ie prens deux mesures, que ie mets sur la lig. G I, depuis le poi. 3, ou 4, iusques au poi. 4, qui eſt plus haut, duquel ie tire vne lig. au poi. O, qui eſt coupée en deux endroits aux poi. 4, 4, par les deux perpend. leuées des poi. 4, 4, de la lig. G *i*. Puis ſur le poi. 4, qui eſt ſur la ligne de terre A D, entre G, et Z, ie leue vne perpend. égale à la partie G 4, (ſçauoir 4, ſuperieur) de la lig. G I; laquelle perpẽd. ie diuiſe en deux parts inegales au poi. 4, dont la plus haute 4. 4, eſt égale à deux des parties d'vn des côtez du quarré G H I K, & du poi. ſuperieur 4, de céte perpend. ie tire vne lig. vers le poi. O, laquelle rencontre au poi. 4, la perpend. cy-deuant leuée du poi. 4, qui eſt ſur la lig. *h m*; & faiſant ainſi de la perpend. leuée ſur le poi. 4, de la lig. *k m*, l'on aura le Cube requis.

Finalement ſur le plan ſuperieur d'iceluy Cube, i'ay leué céte croix, dont le pilier qui touche la voûte aux quatre coins étoilés, tire ſon origine des quatre étoiles du milieu du plan Perſp. chacune dêquelles eſt au milieu de chacun côté du petit quarré 4. 4. 4. 4, duquel i'ay fait voir que le Cube tire ſon origine.

Pour auoir ces quatre étoiles ainſi diſpoſées, i'ay diuiſé les deux huitiémes, qui ſont à la droite, & à la gauche du poi. G, chacune par la moitié aux poi. *, *; dêquels i'ay tiré deux lig. vers le poi. de veuë, ou poi. principal O, pour auoir ce quarré Perſp. étoilé, duquel, comme i'ay dit, le pilier de la croix tire ſon origine.

Et pour en auoir les bras, trauers, ou croiſon, duquel les deux bouts touche la voûte, & qu'il vaille les deux parts de la hauteur du pilier, ie diuiſe la lig. 5. 5, du centre de ce pilier en 12. parts égales, & ſur la lig. *h k*, du plan Perſp. ie leue perpend. le quarré *h h k k*, & ſur le côté ſuperieur *h k*, ie fais le demi-cercle *h m k*: Puis auec le compas ie prens quatre meſures des douze du pilier, & les mets de part & d'autre du poi. *m*, qui eſt au milieu du côté ſuperieur *h k*, du quarré *h h k k*, pour auoir ſur iceluy coté la lig. *i l*, de huit douziémes, ou deux tiers de la hauteur du pilier, & des poi. extrémes *i*, *l*, ie leue perpend. deux lig. iuſques à la ſemi-peripherie, ou demi-cercle *h m k*, qui le touchent aux poi. *i*, *l*, & ie tire la lig. *i l*, à laquelle ſur la lig. *h k*, du plan Perſp. ie fais égale la lig. *i l*. Ce fait, du quarré étoilé du plan Perſp. ie produis de part & d'autre les côtez paralleles à l'horizõ iuſques aux côtez A *b*, D *c*, du quarré Perſp. aux poi. *, *, *, *, & du poi. O, par le poi. *i*, qui eſt ſur la ligne *h m*, & du méme poi. O, par *l*, qui eſt ſur la lig. *k m*, ie tire deux lignes, qui coupent les ſuſdites lig.

étoilées, paralleles à l'horizon, és poi. *,*,*,*, & auſſi du poi. O, par les poi. *i*, *l*, extrémes de la lig. *il*, qui eſt dedans la ſemiperipherie, ou demi-cercle *h m k*, ie tire deux petites lignes, lêquelles ie coupe en quatre poincts marquez d'étoiles par quatre perpēd. que ie leue du plan Perſpectif pour accomplir la Croix comme vous la voyez. Le reſte de ce diſcours eſt pour la conſtruction des deux arcs diagonaux B *m c*, C *m b*, comme s'enſuit : Soit diuiſée la demiperipherie B P E C, en parties égales, ou inegales, tant plus tant mieux, comme vous voyez l'arc B † † 2, du quadrant B P, ſubdiuiſé és poincts †, †, de chacun dêquels, ſçauoir eſt (par exemple pour tous autres poincts) du poi. †, plus prochain de B, ſur l'arc B P, ſoit tirée vne perpend. ſur la lig. B I, demie du côté B C, au point †, prés de B. Puis ſoient tirées les diagonales B *c*, C *b* ; & dudit poi. †, ſur B I, prés de B, ſoit tirée vne ligne vers le poi. O, qui coupe les ſuſdites diagonales aux poincts †, †, dêquels ſoient leuées perpendiculairement deux lignes iuſques à la ligne qui a été tirée vers le point principal O, du point †, plus proche de B, ſur le quadrant B P, pour auec la main tracer le plus dextrement que faire ſe pourra les arcs B †, *b* † ; & ainſi des autres quatre poincts du quadrant B P, ſçauoir †, 2, 3, 4.

Fin de la ſeconde maniere.

TROISIEME MANIERE.

Icy la premiere & seconde planche.

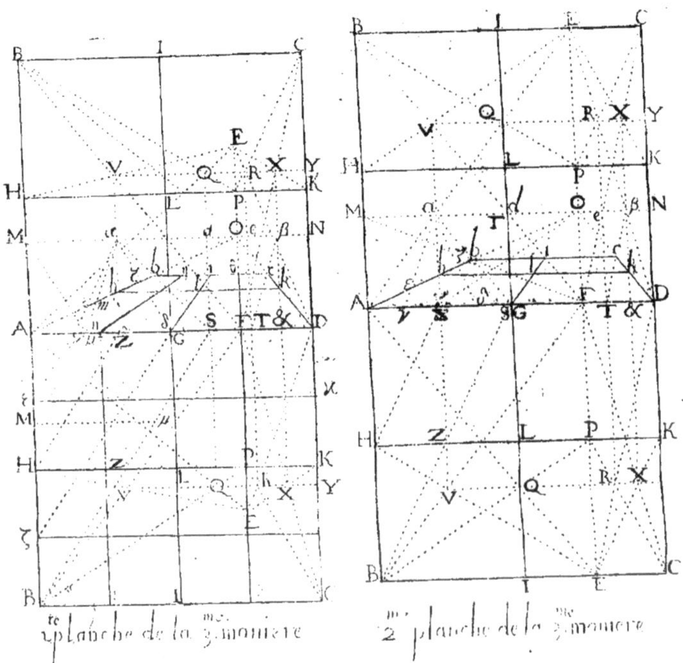

N céte premiere & seconde planche, les lettres semblables tant au plan Geom. soubs AD, que sur le mur, ou tableau, donnent clairement à connoître que ce que les Anciens pratiquoient dans vn plan Geomet. sous la ligne de terre, peut étre fait sur icelle, c'est à dire sur le mur, lequel i'ay fait seruir de plan Geomet. en ces quatre manieres.

Pour trouuer donc, par céte troisiéme maniere, vn quarré Persp. diuisé (comme en ce quarré Geomet. par vne croix en quatre quarrez, le poi. d'éloignement E, étant dans le quarré, comme en céte premiere planche, ou sur le côté BC, comme en la seconde, aiant tiré EF, & des poi. EF, les lig. EA, ED; FB, FC: & sur le mur l'horizontale MN, & sur icelle posé le point

E

principal O, le tout comme cy-deuant és precedentes manieres. Au poi. P, ou la lig. E F, coupe H K, ie tire B P, C P, qui coupẽt les lig. A E, D E, és poi. Q, R, (en la seconde planche le poi. Q, se trouue par rencontre sur la lig. G I) dêquels poi. Q, R, ie tire deux lig. paral. à la lig. de distance E F, qui rencontrent la ligne de terre A D, és poi. S, T. (En la méme seconde planche le poi. S, se trouue auec le poi. G, & la lig. S Q, sur G I; à cause que le poi. d'éloignement E, est sur le côté B C, du quarré) Ce fait, du poi. E, aux poi. H, K, ie tire deux lig. qui coupent les lignes B F, C F, és poi. V, X, dêquels ie tire deux paral. à la ligne E F, qui rencontrent la lig. de terre A D, és poi. Z, &: De ces poi. ie tire sur le mur, les lig. Z α, & β, perpend. à A D, coupans les lig. A O, D O, és poi. *h*, *k*, & rencontrans l'horizontale M N, és poi. α, β, qui seruent de tiers-points en céte maniere.

Si tout ce que dessus est entendu auoir été fait sur le mur, les lig. V Z, X &, perpend. à la lig. de terre A D, feront vn effet double, faisant sections tant sur l'horizontale M N, és susdits tiers-points α, β, que sur les lig. A O, D O, és poi. H, K. Car des tiers-points α, β, tirant α S, β T, i'ay les poi. *b*, *c*, pour terminer le quarré Persp. A *b c* D, qui se trouuera diuisé en deux parts égales, si l'on tire la lig. *h k*: & si en outre l'on tire la ligne G O, tout le quarré sera diuisé en quatre autres. Pour abréger céte pratique, aprés que i'ay trouué les poi. S, T, par les perpend. Q S, R T, ie diuise par la moitié les parties A S, D T, de la lig. de terre A D, és poi. Z, &: & aux parties A Z, D &, ie fais égales M α, N β: & ainsi les lig. B F, C F, E H, E K, ne seront point necessaires: voire méme si le plan Geom. est appliqué sur le tableau, pour auoir les tiers-points α, β, ie n'auray qu'à diuiser par la moitié les lig. M α, N *e*. En ces deux planches, & en la troisiéme suiuante, i'ay tiré B S, & à icelle les paral. ε γ, H Z, ζ δ, quoy qu'elles ne soient necessaires, pour auoir sur le côté A *b*, du plan Persp. des diuisions Perspectiuement égales, comme sont les diuisions A ε, ε *h*, *h* ζ, et ζ *b*, prouenuës des diuisions égales du côté A B, du plan Geom. par le moien de la partie A S, du coté A D, diuisée en autant de parties égales és poi. γ, Z, δ, qu'est ledit côté A B, és poi. ε, H, ζ, dêquels i'ay tiré trois paral. à la lig. B S, lêquelles, comme i'ay dit, ne sont point necessaires pour auoir des diuisions égales Perspectiuement sur le côté Persp. A *b*: Car suffit de diuiſer en parties égales la partie A S, de la lig. de terre A D. Mais ſi en la premiere planche le côté A B, eſt diuiſé en parties inegales, comme pour exemple, A M, M B, pour diuiſer de méme en parties inegales Perſpectiuement le côté A *b*, du plan Perſpectif: Alors pour diuiſer la partie A S, proportionnellement à A B, en parties inegales, il faut tirer B S, & luy faire paral. M μ; ou du poi. M, tirer M μ, parallele à l'horizon, ou à la lig. de terre A D, pour rencontrer B S, au poi. μ, & à céte paralelle M μ, ſoit faite égale S μ, ſur la lig. de terre, & du point μ, ſoit tiré μ α, pour couper le côté Perſpectif A *b*, au point *m*, ſelon le requis.

Par céte pratique ſe trouue de méme la Perſpectiue, ou image du point H, comme l'on voit en céte premiere, ſeconde & troiſiéme planche, que S Z, ſur la lig. de terre A D, eſt égale à H Z, partie de la lig. H K: & céte pratique eſt generale en mes quatre manieres. En la ſeconde planche le poi. d'éloignemēt E, étant ſur le côté B C, & partant les triangles A E D, B F C, étant égaux, il ne faut que tirer M F, pour auoir *b c*, image du côté B C: mais pour l'auoir ſelon céte 3me. maniere, & *h k*, image de H K, ie diuiſe par la moitié la lig. M γ, au poi. α, & de ce point tirant vne lig. au poi. G, tirant auſſi Z α, perpend. ſur A D, elles couperont A O, és poi. *b h*. Es deux premieres planches, des poi. γ, δ, qui diuiſent par la moitié chacune des parties A Z, Z S, de la lig. A D, tirant deux lig. au poi. α, elles couperont A O, és poi. ε, ζ, pour d'iceux tirer, ſi l'on veut, deux lignes paral. à l'horizon iuſques à D O, & qui étant coupées par deux lignes tirées au poi. principal O, l'vne du poi. η, en la premiere planche, & en la ſeconde du poi. Z, chacun dêquels diuiſe la ligne A G, par la moitié, & l'autre du poi. F, (qui par rencontre s'eſt trouué dans le milieu de la lig. D G) l'on aura comme en la troiſiéme planche ſuiuante le quarré Perſp. diuiſé en ſeize quarrez Perſpectiuement égaux.

Icy la troisiéme & quatriéme planche de la 3. maniere.

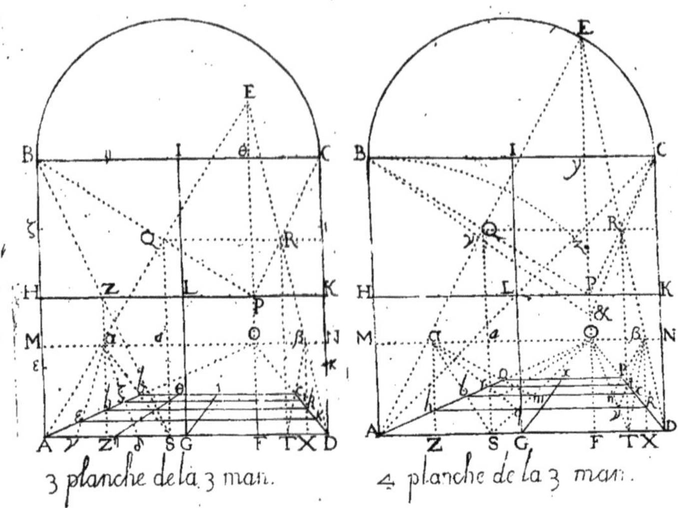
3 planche de la 3 man.   4 planche de la 3 man.

CETE troisiéme planche, en laquelle le quarré Geometral A B C D, est supposé tracé sur le mur, ou tableau, sert pour representer en Persp. le susdit quarré Geom. diuisé en 16. petits quarrez (le poi. E, étant posé hors le quarré) ce que ie fais en trouuant sur la lig. A O, les poi. *ε*, *h*, *ζ*, comme és premieres plâches, & par leur moien ie tire les lig. *εx*, *hk*, *ζι*, paral. à la ligne de terre A D : Puis ie tire *η* O, &c. Suiuant ce que i'ay dit vn peu auparauant. La quatriéme planche en laquelle le poi. d'éloignement E, est aussi hors le quarré donné A B C D, tracé sur le mur, ou tableau, sert pour doubler le quarré Persp. A *bc* D, c'est à dire luy en adiouster vn autre, sçauoir *b c p o* : Pour ce faire, des poi. S, T, ie tire les lig. S O, T O, qui coupent le coté *b c*, aux poi. *m*, *n*, dêquels aux poi. *α*, *β*, ie tire deux lignes, qui coupent A O, D O, és poi. *o*, *p*, qui joints me donnent le quarré Persp. *b c p o*.

Pour diuiser ce quarré Persp. en quatre quarrez, par la croix *s t i x*, comme a été diuisé le quarré Persp. A *b c* D, par la croix *b k* G *i*, ie le fais par deux pratiques, l'vne diuisant la partie *b m*, du côté *b c*, par la moitié au poi. *u*, de ce poi. ie tire *u α*, qui coupe A O, au poi. *s* : l'autre, des poi. *q*, *r*, êquels la lig. *b k*, est coupée par S O, T O, tirant aux poi. *α*, *β*, deux lignes, elles couperont A O, D O, és susdits poincts *s*, *t*. Premier que de passer à la 5me. planche, ie donne en céte 4me. vne pratique pour trouuer le quarré Persp. A *b c* D, supposé que la lig. d'éloignement soit égale à la diagonale A C, comme en effet elle l'est en céte quatriéme planche; & que ie n'aye point d'espace au dessus de B C, pour y mettre le poi. E: Du centre A, interualle A B, ie d'écris l'arc B z, qui rencontre la diagonale A C, au point z; & à C z, ie fais égale F &, et du poi. &, au poi. B, ie tire vne ligne que ie diuise par la moitié au poi. γ, par lequel, de l'angle A, ie tire vne ligne qui coupant la lig. B P, me donne le poi. Q, lequel m'auroit été donné par la ligne A E, si ie l'aurois peu tirer.

A la fin de ce traité ie donneray le moien vniuersel de reduire en Persp. dans le tableau le quarré donné, quoy que la lig. d'élongnemēt soit de beaucoup plus longue que le côté du quarré, ce qui a été pratiqué par la troisiéme planche de la premiere maniere.

Explication de la cinquiéme planche de la 3. maniere.

EN céte cinquiéme planche, le quarré Geometral A B C D, diuisé par la lig. H K, (comme és precedentes planches de céte troisiéme maniere) est tracé sur le mur, & dans iceluy le triangle Geom. 1. 2. 3, qu'il faut reduire en Persp. dans le quarré Persp. A *b c* D, trouué cōme cy dessus: duquel triangle Geom. ie reduis seulement les poi. 1, 2, selon céte troisiéme maniere. Et pour ce faire de l'angle 1, de ce triangle Geom. 1. 2. 3, ie tire 1 X, parallele au côté B C, du quarré Geom. A B C D; & de l'angle B, sur le côté A D, ie tire B S, qui coupe 1 X, au poi. Y; puis à céte lig. B S, du poi. X, ie fais parallele X Z, & du poi. Z, sur l'horizontale M N, au point *a*, ie tire Z *a*, qui coupe A O, au poi. *x*, image du poi. X, qui est sur le côté A B: Puis du méme angle 1, sur le côté A D, ie tire la perpendiculaire 1 *a*, (qui par rencōtre se trouue icy sur le côté 1. 2, du triangle Geom. 1. 2. 3,) & du poi *a*, ie tire *a* O, laquelle ie coupe au poi. 1, par la lig. *x* 1, parallele au côté *b c*, du quarré Persp. A *b c* D. L'on peut encor auoir ce poi. 1, Geom. plus facilement, si par iceluy de l'angle A, l'on tire sur B C, vne lig. au poi. L, & à B L, l'on fait égale A *m*: Puis du poi. *m*, si l'on tire vne lig. au poi. O, elle coupera *b c*, au poi. *l*, duquel au poi. A, soit tirée *l* A: Ce fait, du poi. 1, Geom. soit tirée vne perpend. sur A D, au poi. *a*, duquel au poi. O, tirant vne lig. elle coupera A *l*, au poi. 1, requis, image du point 2, Geometral. Et pour auoir le poi. 2, image du poi. 2, du plan

Icy la cinquiéme planche de la 3. maniere.

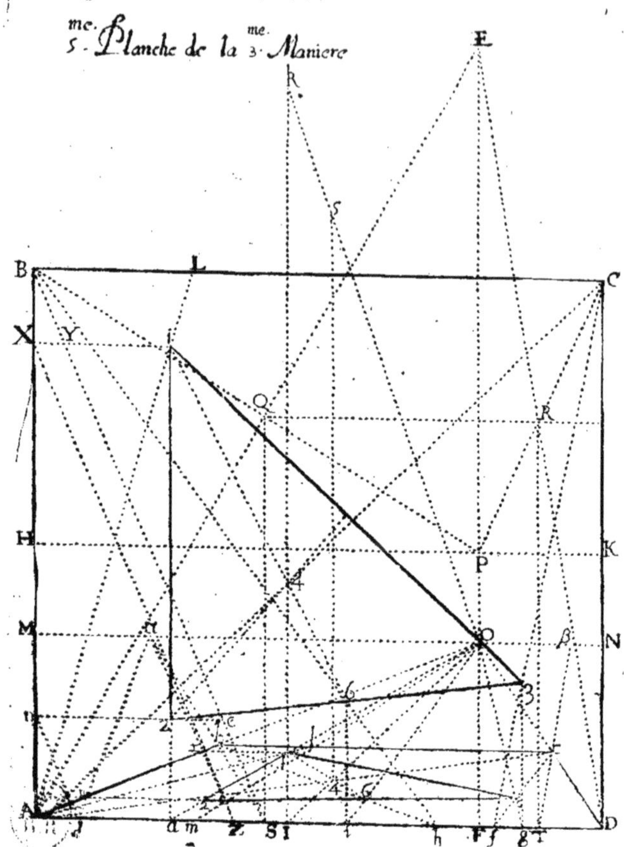

Geometral, par ce poi. 2, Geom. ie tire vne paral. au côté A D, qui rencontre le coté A B, au poi. *n*, & la lig. B S, au poi. *e* : puis ie fais *n d*, paral. à B S. Ce fait, du point *d*, au poi. α, ie tire vne ligne, qui coupe A O, au poi. *n*, image du poi. *n*, Geom. qui est sur A B ; & de l'angle 2, du triangle Geom. 1. 2. 3, ie laisse tomber vne perpend. sur A D, qui la rencontre au point *a*, & de ce poi. *a*, ie tire *a* O, que ie coupe au poi. 2, par la lig. *n* 2, paral. à la ligne de terre A D ; & du poi. 2, au poi. 1, ie tire vne lig. qui est l'image du côté 1. 2, du triangle Geometral 1. 2. 3.

Maintenant pour auoir les images des poi. 3, 4, 6, par la maniere des Anciens ; & premierement celle du poi. 3, Geom. par ce poi. du poi. C, sur la lig. de terre A D, ie tire C *f*, & son image *f c* : puis du poi. 3, Geom. ie tire sur A D, la perpend. 3 *g*, &

du poi. *g*, ie tire *g o*, qui coupant *f c*, me donne le point 3, pour image du point 3, Geometral. En aprés ie cherche l'image du poi. 6, ſitué au milieu du côté 2. 3, dudit triangle Geometral, comme i'ay fait celle du poi. 3, tirant de l'angle B, par le poi. 6, ſur A D, la ligne B *b*, & ſon image *b b*, (qui coupe par la moitié Perſpectiuement le côté 2. 3, du triangle Perſp. 1. 2. 3, au poi. 6,) puis du poi. 6, Geom. ie tire ſur A D, la perpend. 6, *i*, & du poi. *i*, ie tire *i o*, qui coupant *b b*, me donne le poi. 6, pour la Perſpectiue, ou image du point 6, Geometral.

Ie pourrois trouuer de méme façon l'image du poi. 4, centre du triangle Geometral, mais ie la trouueray plus aiſément par l'image du poi. 6, comme s'enſuit. De céte image du poi. 6, à l'angle 1, ie tire la lig. 6. 1, image de la ligne Geom. 6. 1 : Puis du poi. 4. Geom. ie tire vne perpend. ſur A D, au poi. I, duquel ie tire I O, qui coupe 6. 1, au poi. 4, centre du triangle Perſpectif. Reſte maintenant à trouuer ſur le tableau vn point en l'air, ſçauoir le poi. 5, éleué perpendiculairement, pour exemple, de 20. pieds ſur le poi. 4, Geometral : pour ce faire ie prolonge I 4, iuſques au poi. *k*, en ſorte que I *k*, ſoit de 20. pieds : & du poi. *k*, ie tire *k* O, iuſques à laquelle du poi. 4, Perſp. ie leue 4. 5, paral. à la lig. I *k*, & le poi. 5, ſera le point cherché en l'air.

Explication de la ſixiéme planche de la 3. maniere.

LA premiere figure de céte ſixiéme planche eſt le plan Geometral, & Perſpectif enſemble pour la ſeconde figure, en laquelle eſt la repreſentation en veuë droite (que les Artiſans appellent veuë de front) d'vn Cube percé à iour, ou d'vne Cage quarrée en forme d'vn Cube, ne touchant ſon plan Perſp. que d'vne de ſes côtes, ou arrêtes, & ſemblablement veu comme l'on voit celuy de la Perſpectiue d'Androüet du Cerceau, lequel n'en donnant aucunement la conſtruction, i'ay creu que le curieux ſpeculatif de ſon ouurage, & de cétuy-cy trouuera quelque contentement en la conſtruction que i'en donne, pour ſoulager principalement ceux qui ne ſe ſeroient encor gueres addonnez à céte ſcience de Perſpectiue, & qui ne ſe voudroient gueres peiner pour l'entendre, comme i'ay dit en ma Preface.

Es precedentes planches tant de céte troiſiéme maniere que des deux autres, la ligne horizontale eſt dans le quarré ; & en céte-cy elle en eſt hors, comme vous voyez M N, au milieu de laquelle eſt le poi. de veuë O, auquel eſt auſſi le point déloignement E, pour repreſenter ce Cube en droite veuë, qui eſt en la ſeconde figure ſemblable, comme i'ay dit cy deſſus à celuy de du Cerceau. Pour faire donc céte repreſentation en veuë droite, aprés auoir tracé tant en l'vne, qu'en l'autre figure la lig. d'éloignemẽt E F, perpendiculairement au milieu du côté A D, du quarré A B C D, ou de la ligne de terre A D: dans le quarré Geom. de la premiere figure, ie fais le quarré F G H I, duquel ie diuiſe chacun des côtez en deux poi. marquez par †1, *1, pour auoir par iceluy quarré ainſi diſpoſé comme vous voyez, & par ſes diuiſions, le plan Geom. du Cube propoſé, comme s'enſuit: A deux des côtez de ce quarré ie fais égales A M, D K, pareillement diuiſées és poi. †1, *1, & tire M K, qui coupe E F, au poi. L, ou N, ie dis ou N, pource que ces deux poi. qui ſont enſemble, & les poi. F H, qui ſont auſſi enſemble ſur la ligne de terre A D, doiuent être imaginés ſe ſeparer l'vn d'auec l'autre, & partant que la lig. F L, ou H N, paral. & égale à A M, doit être imaginée double, comme l'on voit dans la ſeconde figure, que la lig. H *l*, ou H *n*, plus haute arrête, ou côte du Cube, ſe ſépare d'auec la ligne F *l*, ou H *n*, plus baſſe arrête, ou côte du Cube, laquelle côte repoſe ſur le milieu de ſon plan Perſp. A *b c* D. Et ces lignes H *l*, ſuperieure, & F *l*, inferieure, ſont oppoſées parallelement l'vne à l'autre, ſelon l'ordre de la Perſpectiue; de ſorte que ſi la lig. ſuperieure H *l*, pouuoit tomber ſur le plan Perſp. elle couuriroit la lig. inferieure F *l*, comme l'on voit dans le plan Perſp. A *b c* D, de la premiere figure la lig. F *l*, ou H *n*. Et pour auoir dedans les deux parallelogrãmes A F L M, D F N K, quatre lig. paralleles, & égales aux lig. A M, D K, ie les tire par les huit poi. marquez de Croix, d'étoiles, & des chifres, ou notes 1, qui ſont ſur les quatre côtez du ſuſdit quarré F G H I. Et aux extremitez de chacune de ces quatre lignes, ie mets deux chifres pour denoter qu'on ſe doit imaginer qu'elles ſont doubles; ce qu'on connoit euidemment dans la ſeconde figure, en laquelle, pour exemple, dans le parallelogrãme Perſp. A *m n* F, l'on voit que ſur la lig. * 1. 1. 1. 1*, proche voiſine de la lig. A *m*, ſont leuées en l'air, & Perſp. paralleles au plan Perſp. les deux lig. * 1.2.2.1*: *1. 2. 2. 1*, proches voiſines de l'arrête, ou côte G *m*, commune tant à la face ou plan G F *n m*, inferieur, qu'au plan ſuperieur

GH

GH *lm*, du Cube; lêquelles deux faces, ou plans, tirent leur origine du parallelograme Persp. A *mn* F. Et sur la lig. †1.1.1.1† (dudit parallelog. Persp. A *mn* F,) proche voisine de la lig. F *n*, ou H *l*, sont leuées en l'air, & Persp. paralleles au plan Persp. les lig. †1.2.2.1†: †1.2.2.1†, l'vne proche voisine de l'arrête, ou côte F *n*, ou H *l*, commune, tant à la face, ou plan F G *mn*, ou *l*, inferieur, qu'au plan F I *k l*, ou *n*, aussi inferieur. Et l'autre lig. †1.2.2.1†, proche voisine de H *l*, ou *n*, arrête, ou côte superieure du Cube, commune tant à la face, ou plan G H *l*, ou *n m*, super. qu'à la face, ou plan H I *kl*, ou *n*, aussi super. Le méme se voit sur le parallelog. D F *l*, ou *nk*. Ie reuiens au plan Geometral A D K M, & premierement ie pretends faire connoître qu'au parallelog. A F N M, ou A H L M, les lig. paralleles, égales, & proches voisines des côtez A F, et M N, dudit parallelog. A F M N; & aussi qu'au parallelog. D F K L, les lig. paralleles, égales, & proches voisines des côtez F D, K L, ou D H, K N, (sur chacune dêquelles sont ces chifres, 1.2.2.2.2.1,) doiuent être imaginées doubles, & que chacune produit vn effet double. Et qu'il ne soit ainsi; l'on voit manifestement dans le parallelog. Persp. A F *n m*, de la seconde figure, que de la lig. 1.2.2.2.2.1, proche voisine, & parallele du côté A F, du susnommé parallelogramme la lig. punctuée 1.2.2.1, inferieure, & la lig. 1.2.2.1, superieure, la premiere, & inferieure proche voisine de l'arrête, ou côte F G, du Cube percé, ou cage quarrée; & la seconde & superieure proche voisine de l'arrête, ou côte G H, tirent leur origine. Et aussi tout de méme les lig. 1.2.2.1; 1.2.2.1 (paralleles, & proches voisines des arrêtes, ou côtes *m l*, ou *mn*, inferieure qui ne peut étre veuë, & partant qui n'est que punctuée, & *m l*, ou *mn*, superieure) tirent leur origine de la ligne 1.2.2.2.2.1, paral. & proche voisine du côté *m l*, ou *m n*, dudit parallelog. A F *m n*. Et ainsi des paral. plus proches des côtez D F, *kl*, ou *kn*, de l'autre parallelog. D F, *lk*, ou *nk*. Et partant l'on ne peut plus douter que le plan quarré 1.1.1.1 (parallele, & proche voisin de la face F G H I, plus apparente du Cube) ne tire son origine de la lig. 1.1, paral. & plus proche voisine de la lig. de terre A D. Et par méme raison, que le plan quarré 1.1.1.1, (paral. & proche voisin de la face *k l m n*, plus élôgnée du Cube, & qui ne peut être veuë) tire son origine de la lig. 1.1, parallele,

& plus proche voisine de la lig. *mk*, image, ou Perspectiue de la lig. MK, du plan Geometral.

Ie croy que le Curieux Lecteur m'excusera, & ne se formalisera, si parmy plusieurs endroits de ce traité, ie me sers si souuent de mémes termes, pour specifier pareilles choses; ce que ie le prie d'attribuer au desir que i'ay de me rendre le plus intelligible qu'il m'est possible: C'est pourquoy ie donne premieremēt à connoître la valeur des lig. que la construction de ce Cube, qui se connoîtra facilement, par le moien des perpendiculaires leuées du plan Perspectif.

Ie retourne donc au plan Geom. ABCD, de la premiere figure, pour enseigner (comme par les precedentes planches de céte troisiéme maniere) sa reduction Perspectiue, & ce qui y est compris (fors le quarré FGHI, & les quatre paral. à ses côtez, qui n'ont serui que pour trouuer le plan Geometral).

Pour trouuer donc l'image du côté BC, & par consequent des côtez AB, DC; au poi. P, ou la lig. EF, coupe GI, ie tire BP, qui coupe AE, au poi. Q, duquel ie tire vne lig. paral. au côté AB, iusques à la lig. de terre AD, au poi. S, & diuise AS, par la moitié au poi. Z, duquel ie tire vne ligne paral. & égale à AM, iusques à l'horizontale MN, la rencontrant au poi. *a*.

Puis de ce poi. *a*, au poi. S, ie tire vne ligne qui coupe AO, au poi. *b*, pour auoir le quarré requis A*bc*D: & pour auoir en ce quarré l'image, ou Persp. *km*, de la lig. KM; du poi. A, par le poi. L, ou N, auquel céte lig. coupe EF, ie tire iusques au côté BC, vne lig. qui le rencontre au poi. X, duquel ie tire vne paral. au côté CD, iusques à la lig. de terre AD, au poi. Y, & de ce poi. tirant vne lig. vers le poi. principal O, elle rencontre le côté *bc*, du quarré Persp. A*bc*D, au poi. *x*. Finalement de ce poi. *x*, au poi. A, tirant vne lig. elle coupe EF, ou HO, au poi. *l*, ou *n*, par lequel ie tire parallelement à *bc*, la lig. *km*, image, ou Persp. requise de la lig. KM. Ie fais le méme pour auoir l'image de la lig. 1. 1, qui est entre les lig. GI, KM, qui leur est paral. & égale, & qui coupe la lig. EF, au poi. 1. 1, par lequel du poi. A, ie tire la lig. AX, & du poi. X, ie tire vne lig. paral. au côté CD, iusques à la lig. de terre AD, au poi. Y; & de ce poi. ie tire vne lig. vers le poi. O, qui rencontre le côté *bc*, au poi. *x*. En fin de ce poi. *x*, au poi. A, tirant vne ligne, elle coupe EF, ou HO, au point 1. 1, par lequel ie tire parallelement à *b c*, la lig. 1. 1, image requiſe de la lig. 1. 1, Geometrale. Ce fait, pour auoir l'image de la lig. 1. 1, Geometrale, parallele, égale, & proche voiſine de la ligne de terre A D; par le poi. 1. 1 (auquel elle coupe la lig. E F) de l'angle B, du quarré Geom. A B C D, ie tire vne lig. qui rencontre la ligne de terre A D, au point Γ, duquel à l'angle *b*, du quarré Perſp. A *b c* D, ie tire vne lig. qui coupe la lig. E F, ou H O, au poi. 1. 1, pour par ce point tirer parallelement à A D, la lig. 1. 1, qui eſt l'image, ou Perſp. requiſe de la ligne 1. 1, Geometrale.

Finalement, pour accomplir le plan Perſp. A *m k* D; des quatre points *1. 1, †1. 1, *1. 1, †1. 1, qui ſont ſur la lig. de terre A D, ie tire quatre lig. au poi. O, qui coupans la lig. *k m*, és poi. * 1. 1, †1. 1, *1. 1, †1. 1, me donnent le plan Perſp. A *m k* D, accomply, que ie transporte dans la ſeconde figure: lequel plan Perſp. ie laiſſerois dans la premiere, qui repreſente le tableau, ou mur, ſur lequel ie voudrois mettre le Cube de la ſeconde figure, en Perſpectiue. Et pour ce faire ſans incommodité, & ſans crainte d'embarras, ou confuſion de lig. i'effacerois entierement le plan Geom. aprés que i'en aurois tiré le plan Perſp. comme l'on le voit dans la 2. figure. De plus, aprés que par le moien de ce plan Perſp. i'aurois accomply le Cube, i'effacerois les lig. punctuées d'iceluy Cube, lêquelles ne peuuent être veües, & qui n'ont ſerui que pour l'accomplir. La connoiſſance de la conſtruction de ce Cube me ſemble plus facile par l'inſpection, ou ſpeculation, que par le diſcours que i'en pourrois faire; neantmoins, pour ſoulager le Lecteur, ie ne laiſſeray d'en diſcourir quelque peu, & principalement de ce qui ſemblera le plus difficile à quelques-vns, comme pour auoir le poi. *l*, ou *n*, plus proche du poi. ſuperieur H, qui eſt au milieu de B C, & par conſequent tout le quarré, ou face *k l m n*, qui (comme l'on voit clairement) tire ſon origine de la lig. *k m*, extréme du plan Perſp. A D *k m*. Pour auoir donc ce poi. *l*, ou *n*, angle ſuperieur de ce quarré, des poi. B, C, ie tire deux lig. au poi. O, qui ſont rencontrées és poi. *k*, *m*, par deux lig. leuées perpend. ſur le plan Perſp. des poi. *k*, *m*, extrémes d'iceluy, & entre ces poi. *m*, *k*, ſuperieurs, tirant vne ligne elle coupe H O, au poi. *l*, ou *n*, requis. De méme auec les deux lignes marquées par le chifre 1, paral. à B C, & qui ſont entre les lignes B O, C O, l'on a les quarrez

1.1.1.1, 1.1.1.1, paralleles, & égaux entr'eux Persp. & proches voisins, & paral. l'vn de la face *klmn*, & l'autre de la face FGHI; qui tirent leur origine, l'vn de la lig. 1.1, paral. & proche voisine de la lig. *km*, extréme du plan Persp. & l'autre de la lig. 1.1, paral. & proche voisine de la lig. de terre AD. Le reste de ce discours est pour faire connoître les quatre autres faces de ce Cube, d'ou elles tirent leur origine, & leurs plans paral. entr'eux, qui sont deux, entre deux faces opposées: comme pour exemple, la face superieure GH *nm*, (qui tire son origine dans le plan Persp. du parallelog. GH, ou F *nm*) est opposée à la face inferieure H, ou FI *kl*, qui ne peut être veüe, & qui tire son origine de l'autre parallelog. Persp. HI, ou D *kl*. Entre ces deux faces, les deux plans paral. entr'eux, & icelles faces, marqués à chaque angle par le chifre 1, *, et †, tirent leur origine des lig. AD, *km*, comme denotẽt les perpend. leuées sur icelles lignes. L'intelligence du reste me semble si facile, que ie me deporte d'en dire dauantage pour n'estre ennuieux au Lecteur. Pour remplir le quarré BCNM, de la premiere figure, i'ay mis ce Cube auec ses ombres pour les Curieux seulement, sans autre discours, que par les lig. qui partent du poi. M, imaginé point de la lumiere, & du poi. B, qui en est le pied. *Icy la septiéme planche de la 3. maniere.*

DANS le quarré ABCD, de céte 7me. planche, ou tableau proposé, il n'y a pour tout plan Geom. que la ligne GH, (subtenduë à l'angle droit A) qui seroit le côté d'vn quarré, duquel ie marquerois les quatre angles par GHIK, si ie l'aurois tracé, ce que ie n'ay fait, pour éuiter confusion, n'étant point necessaire pour en trouuer l'image, ou Persp. G*hik*, n'ayant affaire que de celle du poi. H (sçauoir *h*, qui est sur le côté A*b*, du quarré Persp. A*bc*D, lequel poi. *h*, se trouue par le moien de la lig. *a*Z, perpend. à la lig. de terre AD). Ie diuise donc la lig. Geom. GH, en trois parts égales és poi. 1, 2, par lêquels ie tire les deux lig. RR, TT, & du poi. G, la ligne GG, perpend. à la lig. de terre AD (& ce aprés que i'ay reduit, par la pratique des premieres planches de céte troisiéme maniere, le quarré Geom. ABCD, tant en son plan Persp. inferieur A*bc*D, & en iceluy le quarré Persp. G*hik*, qu'en son superieur ✠*bc*✠). Puis des huit poi. R, R, T, T, V, V, X, X, ie tire huit lignes vers le point principal O, pour diuiser chacun des côtez du quarré G*hik*,

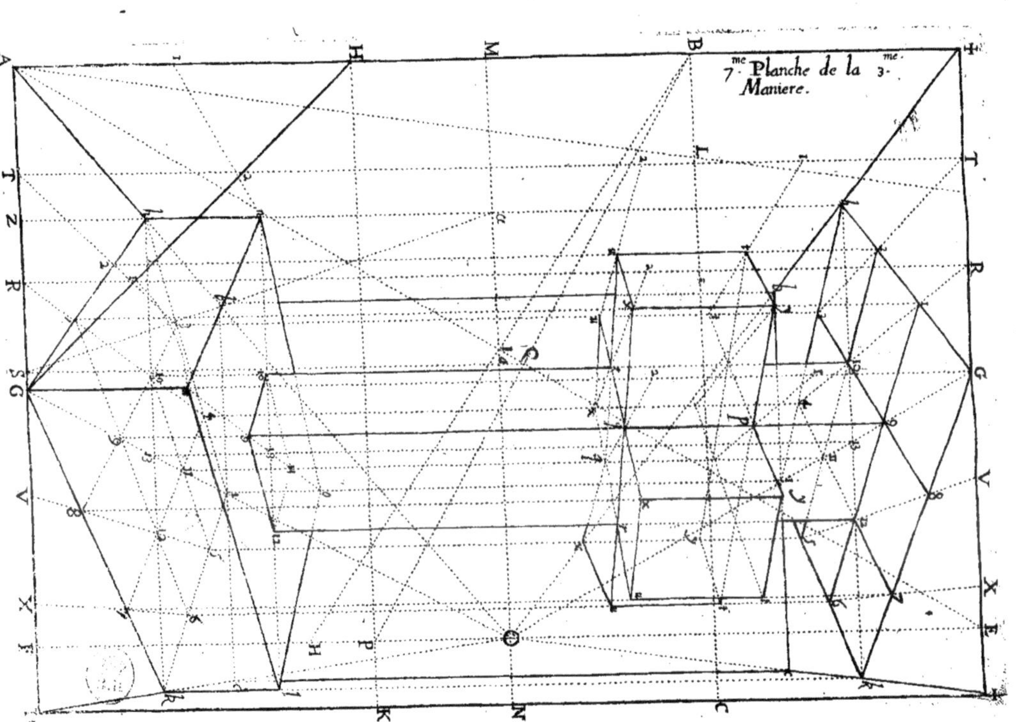

7me Planche de la 3me Maniere.

tant inferieur que ſuperieur en trois parts égales Perſpectiuement, és poi. 1,2;3,4;5,6;7,8; comme la lig. G H, l'eſt Geometralement és poi. 1,2. Ce fait, des poi. 1,2, du côté G *h*, du quarré Perſp. G *h i k*, ſuperieur, ou inferieur, aux poi. 6, 5, du côté oppoſé *i k*, & des poi. 3, 4, du côté *h i*, aux poi. 8, 7, du côté oppoſé G *k*, ie tire quatre lignes, qui s'entrecoupans és poincts 9, 10, 11, 12, me donnent la baſe, & hauteur d'vne Croix à double croiſon, ou quatre bras, chacun bras étant vn Cube parfait attaché à chacune face du pilier de la Croix, enfermẽt vn Cube parfait, dont les deux faces oppoſées & paral. à l'horizon, ſont *p s p s*, ſuperieure, oppoſée à la face *q r q r*, ſon inferieure; & les autres quatre faces, oppoſées l'vne à l'autre, és perpend. à l'horizon, ſont marquées, chacune par *p q r s*, commune à chacun des quatre Cubes qui ſeruent de bras à la Croix. A chacune de ces quatre faces marquées par *p q r s*, chacune des faces de chacun Cube, qui eſt oppoſée à icelle, eſt marquée par *t u x y*, & tirent leur origine des tierces parties 1. 2, 3. 4, 5. 6, 7. 8, des côtez du quarré G *h i k*, inferieur, ou ſuperieur. De ce ſuperieur le quarré du milieu 9. 10. 11. 12, eſt le haut de la Croix, & par conſequent la face ſuperieure d'vne ſixiéme Cube; & la face inferieure qui luy eſt oppoſée, eſt *p s p s*; les autres quatre faces oppoſées és perpend. à l'horizon, ſont 9. 10 *s p*, oppoſée à la face 11. 12 *s p*; & la face 9. 12 *s p*, oppoſée à la face 10. 11 *p s*. La face inferieure 9. 10. 11. 12, du pied, ou pôteau de la Croix, repoſe ſur la face ſuperieure *l m n o*, d'vn ſolide, duquel la hauteur G *m*, du plan Perſp. eſt d'vne tierce partie de la lig. Geometral G H, comme denote l'arc 1 *m*. Et pour auoir la hauteur H N, ou *k l*, de ce ſolide, à la tierce partie G 1, de la ligne Geom. G H, ie fais égale A 1, ſur A B, & du poi. 1, vers le poi. O, ie tire 1 *n*: ou du poi. *m*, vers O, ie tire vne lig. qui me ſert pour auoir les poi. 9, 11, du pied de la Croix, & qui coupe la perpend. 13. 13, (éleuée du plan Perſp. inferieur, au plan ſuperieur) au poi. 13, par lequel ie tire *l n*, paral. à l'horizon, & qui me ſert pour auoir les poi. 10, 12, du pied de la Croix. Finalement auparauant que de donner la conſtruction des deux croiſons ſolides, chacun compoſé de trois Cubes; il les faut faire connoître par les faces d'vn chacun, oppoſées l'vne à l'autre, & d'où elles tirent leur origine. Et premierement à la face *t u x y*, qui tire ſon origine de la tierce partie 1. 2, du côté G*h*, du quarré Persp. G*hik*, est opposée la face *tuxy*, qui tire son origine de la tierce partie 5. 6, du côté *ik*. Et la face *tuxy*, de trois Cubes ensemble, qui tire son origine de la lig. 1. 6, paral. & proche voisine du côté G *k*, est opposée à la face *tu xy*, aussi de trois Cubes ensemble, qui tire son origine de la lig. 2. 5, paral. & proche voisine du côté *hi*: & par consequent la face *tyty*, superieure de trois Cubes ensemble, & la face *u x u x* inferieure des mémes trois Cubes, opposées l'vne à l'autre tirent leur origine du parallelogramme 1. 2. 5. 6, tierce partie du quarré Persp. G*hik*: Et ainsi de l'autre croison solide qui tire son origine du parallelog. 3. 4. 7. 8, qui croise le premier, sçauoir 1. 2. 5. 6.

Reste maintenant à sçauoir comme ie trouue les hauteurs des angles de ces solides : & premierement ie trace le pôteau, ou pilier de la Croix, aprés auoir tiré toutes les douze perpend. des poi. 1. 2. 3. 4, &c. comme vous les voyez, puis sur le haut des perpend GG, RR, TT, cy-deuant leuées, ie mets deux mesures, ou tierces parties de la ligne Geom. GH, & sur chacune d'icelles perpendiculaires ie mets les nombres, ou chifres 1, 2, de chacun déquels ie tire des lignes vers le poi. principal O, non iusques à ce point, mais ie les termine sur chacune perpendiculaire necessaire: comme pour exemple, pour auoir les poi. *p*, *q*, *p*, *q*, qui sont sur les perpendiculaires, côtes, ou arrêtes 9. 9, 11. 11, du pilier de la Croix, & qui sont opposées l'vne à l'autre; des poi. 1, 2, de la perpendiculaire GG, ie tire vers le poi. principal O, deux lignes que ie termine sur la perpendiculaire 11. 11, és poi. *p*, *q*, lêquelles deux lignes doiuent être entenduës paralleles, & égales à la lig. G 11, du plan Perspectif, selon les regles de la Perspectiue. Et pour auoir les poi. *s*, *r*, *s*, *r*, qui sont sur les perpendiculaires, côtes, ou arrêtes 10. 10, 12. 12, du pilier de la Croix, & par consequent les angles solides *x*, *y*; *x*, *y*, qui sont sur les perpendiculaires 1. 1; 4. 4; des poi. 1. 2, sur le haut de la ligne RR, ie tire deux lignes vers le point principal O, que ie termine sur la ligne 4. 4, és poi. *x*, *y*, de sorte que par le moien de ces lignes 1 *y*, 2 *x*, paralleles, & égales Perspectiuement à la lig. 1. 4, du plan Perspectif, i'ay sur les perpendiculaires 1. 1, 10. 10, 4. 4, les poi. *x*, *y*; *s*, *r*; *x*, *y*, & par méme raison les trois côtes, ou arrétes *xy*, *sr*, *xy*, léquelles ie transporte sur les trois perpend. 8. 8, 12. 12, 5. 5,

Finalement pour auoir les points *t*, *u*; *t*, *u*, & partant les côtes, ou arrétes *t u*, *t u*, des poincts superieurs 1. 2, sur le haut de la ligne T T, ie tire deux lignes vers le point principal O, léquelles ie termine sur la perpendiculaire 3. 3, és poincts *t*, *u*, & sur les perpendiculaires 6. 6, 7. 7, ie transporte les grandeurs *t u*, *t u*. Ce fait, ie ioins tous ces points en l'air par la seule conduite des huit points 1, 2, 3, 4, 5, 6, 7, 8, du plan Perspectif sans me soucier des poincts 9, 10, 11, 12, & partant des poincts 1, 2, de la perpendiculaire G G, qui ne seruent que pour auoir sur le pilier de la Croix les poincts *p*, *p*, *q*, *q*; car ils se trouuent assez & naturellemēt; méme les poincts *s*, *s*, *r*, *r*, en tirant les quatre lignes marquées par les lettres *y t*, & les quatre marquées par *u x*, qui tirēt leur origine des lignes 1. 6, 2. 5, 3. 8, 4. 7, du quarré Perspectif G *h i k*, dont les côtez G *h*, *k i*, G *h*, *h i*, étant produits, & aussi la ligne horizontale selon la mode de quelques anciens comme d'Albert, Serlio, & autres auroient leur concours, ou se rencontreroient en deux poincts qu'ils nomment tiers-poincts équidistants du point principal O, & grandement élongnez d'iceluy, & déquels on ne se peut seruir dans le tableau proposé comme l'on fait par céte troisiéme maniere du point, *a*, qui est sur l'horizontale M N, au milieu de M *a*, comme i'ay declaré cy-deuant, és premieres planches de céte maniere. Le reste de ce discours est vne repetition de la pratique de la troisiéme planche de la premiere maniere pour auoir le plan Perspectif A *b c* D, d'vne distance plus élongnée que la hauteur du tableau, comme pour exemple, la ligne A *, qui coupe B C, au point L, pour auoir la ligne A *, qui s'incline vers le point d'élongnement E, entendu étre hors le tableau. Ie prens donc l'excés L *, auquel sur la ligne d'élongnement E F, ie fais égale F H, & du poi. H, ie tire H B, que ie diuise par le milieu au point I. (qui par rencontre se trouue par l'horizontale M N, pource qu'elle est au milieu du tableau). Par ce point I, du point A, ie tire la ligne requise A *, qui rencontreroit la ligne d'élongnement F E, au point E, si elle étoit produite.

Quoy que cy-deſſus dans chacune de mes trois premieres manieres i'aye fait voir à découuert, & comme touché au doigt tout le ſecret de ma Perſpectiue, i'ay neantmoins prins plaiſir à m'étendre plus outre, & ay voulu donner au public céte quatriéme & ſuiuante maniere plus amplifiée, & enrichie d'exemples qu'aucune des trois precedentes. Ce que i'ay fait tant pour m'accommoder à la diuerſité des eſprits, qui ſe plaiſent les vns à vne choſe, & les autres à vne autre, attendu qu'ainſi vn chacun pourra choiſir & prendre celle qu'il trouuera plus à ſon gouſt & à ſa fantaiſie, qu'auſſi pour ſymboliſer dauantage en toutes choſes auec les proprietés du quarré, la ſtabilité duquel m'a ſerui de fondement, & de baſe pour établir toute ma Perſpectiue.

Fin de la troiſiéme maniere.

QVATRIEME MANIERE.

Icy la premiere planche.

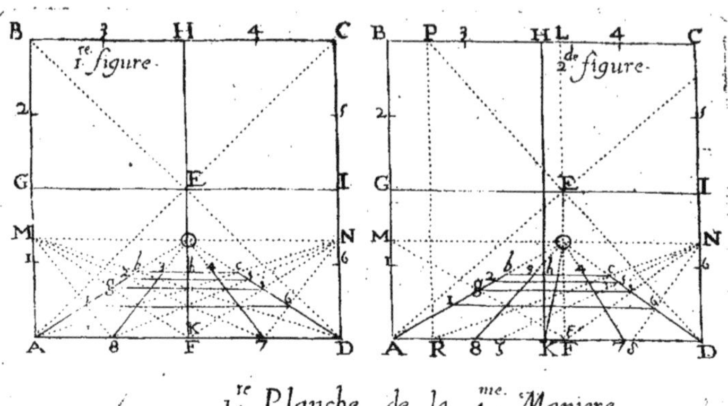

1.re Planche de la 4.me Maniere.

ES precedentes manieres ie n'ay mis le point d'élongnement E, si proche de la ligne de terre A D, comme i'ay fait tant en la premiere qu'en la seconde figure de céte premiere planche, où ie l'ay mis sur la lig. G I, qui passe par le centre du quarré donné A B C D, & qui est parallele à l'horizon. En la premiere figure i'ay donc mis ce point d'élongnement E, au milieu pour droite veuë, & en la seconde vn peu à côté pour veuë oblique, quoy que céte situation de poi. si proche ne soit approuuée de quelques-vns, dêquels la raison sera declarée à la fin de l'explication de la quatriéme planche.

Soit donc premierement le poi. d'élongnement E, en la premiere figure dans le centre du quarré pour veuë droite : par ce poi. des angles A, D, ie tire deux lig. qui seront diagonales du quarré à reduire, duquel i'ay diuisé chacun des côtez en quatre parties égales és poi. 1, G, 2; 3, H, 4, &c. dêquels aux poi. opposez si on tiroit des lig. paralleles entr'elles, elles diuiseroient ce quarré Geom. en seize quarrez égaux, pour les reduire en Persp. comme vous voyez le quarré Perspectif A *b c* D, duquel pour auoir les angles *b*, *c*, & sur ses côtez A *b*, *b c*, *c* D, les images des poi. qui sont sur les côtez A B, B C, C D, du quarré Geom. ; ie tire l'horizontale M N, qui se trouue diuisée par le milieu au poi. principal O, pource que par iceluy passe la lig. d'élongnement E F, qui en céte premiere figure diuise A D, également au poi. F. Puis des poi. 7, F, 8, de la méme lig. A D, & de l'angle D, du triangle rectangle A D C, au tiers poi. M, opposé audit angle, ie tire des lignes qui coupent A O, és poi. 1, *g*, 2, *b*, déquels tirant quatre paralleles au côté A D, elles couperont D O, és poincts *c*, 5, *i*, 6, léquelles paralleles étant coupées par les trois lig. 8 O, F O, 7 O, comme vous voyez *b c*, l'estre és poi. 3, *h*, 4, on aura le quarré Persp. A *b c* D, diuisé selon le requis. I'ay encor immediatement, si ie veux, ces quatre poi. *c*, 5, *i*, 6, par les lig. que ie tire au tiers-point N, des poi. 7, F, 8, & de l'angle A. Maintenant en la seconde figure sur G I, soit le poi. d'élongnement E, pour veuë oblique: de ce poi. sur A D, ie tire perpend. E F, qui coupant l'horizontale M N, me donne le poi. principal O, auquel ie tire A O, D O ; puis de l'angle D, par le poi. d'élongnement E, ie tire vne lig. qui rencontre B C, au poi. P, duquel ie tire la lig. P R, perpend. à A D, & ainsi i'ay le triangle rectangle D P R, duquel ayant diuisé la base D R, en quatre parties égales, és poi. δ, ε, ζ, de ces trois poi. & de l'angle droit R, ie tire des lig. au poi. N, opposé audit angle, qui coupans D O, me donnent les poi. *c*, 5, *i*, 6, déquels tirant quatre paral. au côté A D, elles couperont A O, és poi. *b*, 2, *g*, 1 ; léquelles paralleles étant coupées par les lig. 8 O, K O, 7 O, comme vous voyez *b c*, l'estre és poi. 3, *h*, 4, i'auray le quarré Persp. requis diuisé comme dessus. Que si le poi. d'élongnement, ou de distance du pied F, étoit sur le côté B C, comme en la premiere figure le poi. H ; & en la seconde le poi. L, l'on n'auroit autre chose à faire que de tirer du poi. F, aux poi. M, N, deux lig. qui couperoient les lignes A O, D O, comme vous les voyez coupées és poi. *g*, *i*, qui ioints par la lig. *g i*, me donnent le quarré Persp. A *g i* D, selon la lig. d'élongnement F H, de la premiere figure ; ou F L, de la seconde.

Icy la seconde planche de la 4. maniere.

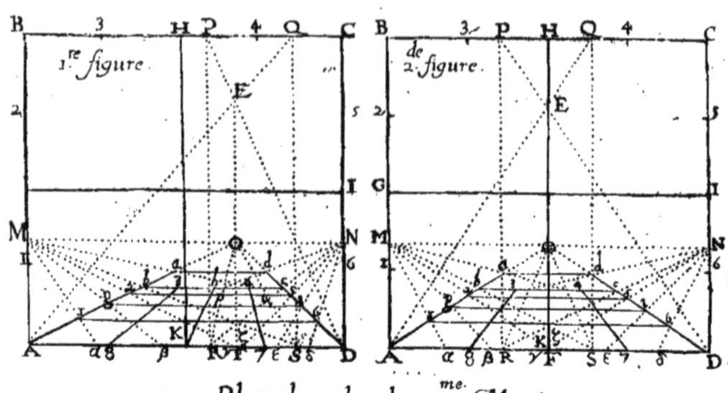

2 · Planche de la 4me Maniere.

CES deux figures marquées de mémes caracteres, ne different entre elles, sinon que l'vne étant de veuë oblique, & l'autre de droite veuë, céte-cy bien entenduë donnera l'intelligence de l'autre.

Ayant donc comme en la precedente premiere planche, tiré des angles A, D, du quarré Geom. A B C D, par le poi. d'élongnement E, des lignes iusques au côté B C, aux poi. P, Q, & d'iceux les lig. P R, Q S, perpend. à la lig. de terre pour auoir les triangles rectãgles A S Q, D R P, à fin que de leurs angles droits S, R, aux poi. M, N, qui leur sont opposez, ie tire deux lig. qui couperont A O, D O, aux poi. *b*, *c*, qui ioints par la lig. *b c*, me donnent le quarré Persp. A *b c* D : Et pour en diuiser les côtez A *b*, D *c*, cõme sont les côtez A B, D C, du quarré Geometral, sçauoir en quatre parties égales, ie diuise chacune des bases A S, D R, des susdits triangles en quatre parties égales, sçauoir A S, és poi. α, β, γ; et D R, és poi. δ, ε, ζ, déquels ie tire six lig. trois au poi. M, & trois au poi. N, qui coupent A O, és poi. 1, *g*, 2; et D O, és poi. 6, *i*, 5, que ie ioints de lignes qui seront paralleles au côté *b c*. Puis ie coupe ce côté *b c*, és poi. 3, *h*, 4, par des lig. tirées au point principal O, des poi. 7, K, 8, comme en la premiere planche de céte quatriéme maniere pour auoir le quarré Perspectif requis A *b c* D, diuisé en seize quarrez.

Et pour faire que ce méme côté *b c*, soit commun à vn autre quarré Persp. sçauoir *b a d c*; des angles droits R, S, des triangles D P R, A Q S, ie tire deux lig. au poi. principal O, sçauoir R O, S O, qui coupent le côté *b c*, aux poi. *p*, *q*, déquels ie tire deux lignes aux points N, M, qui coupent A O, D O, aux points *a*, *d*, qui ioints me donnent le requis.

Icy la troisiéme planche de la 4. maniere.

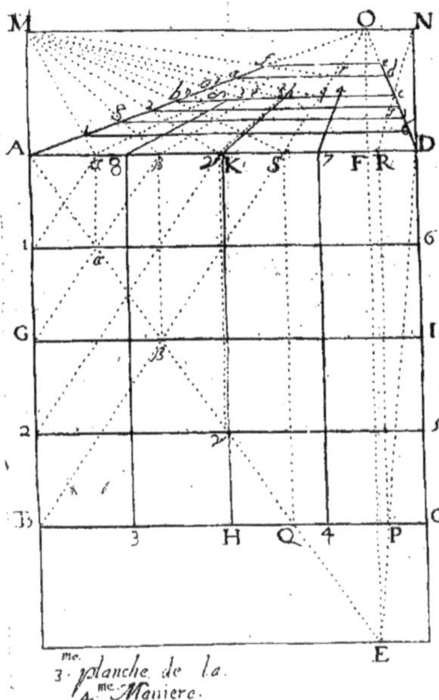

3.me planche de la 4.me Maniere.

EN céte troisiéme planche ie n'ay mis le plan Geom. sur le mur, ou tableau, pour éuiter sur le plan Persp. la confusion des lig. du plan Geometral; hors lequel ayant mis le point d'élongnement E, les triangles A S Q, D R P, se separent. De leurs angles droits S, R, aux poi. M, N, extrémes de la lig. horizontale ie tire les lig. S M, R N, qui coupans les lig. A O, D O, aux poi. *b*, *c*, me donnent le plan Persp. A *b c* D, auquel si i'en veux adioûter vn qui luy soit égal vers le poi. de veuë O; à ce poi. du poi. S, ie tire S O, pour couper *b c*, au poi. *q*, duquel tirant *q* M, elle coupera A O, au point *a*, pour auoir le plan requis *a b c d*, duquel si ie veux diuiser le côté *a b*, en autant de parties que i'ay diuisé le côté A *b*, du premier, sçauoir A *b c* D; des poi. α, β, γ, (qui diuisent A S, en autant de parties qu'est diuisé le côté A B, du plan Geometral, ce qu'on peut facilement tirant des points du côté A B sur A S, autant de lig. paralleles à B S) ie tire trois lig. vers le poi. O, qui rencontrent *b c*, és poi. δ, ε, ζ, dêquels au poi. M ie tire trois lignes qui coupent le côté *a b*, és poi. η, θ, ι, comme a été diuisé le côté A *b*, és poi. 1, *g*, 2, images des poi. 1, G, 2, du côté A B, du plan Geom. diuisé en seize quarrez qui suffist, ainsi diuisé, pour en auoir quarante-huit en tout le plan Perspectif A *f e* D, composé des trois grands quarrez Persp. A *b c* D, *a b c d*, *d e f a*. Ce dernier a été trouué par l'intersection des lig. O S, *a d*, au point *r*, duquel tirant *r* M, elle coupe A O, au point *f*, pour auoir le troisiéme quarré Perspectif *a d e f*.

La pratique que i'ay donnée cy-dessus de tirer des paralleles à B S, des points de la ligne A B, sur A D, est generale pour les quatre manieres; mais pour pratiquer selon céte quatriéme maniere, il faut des poi. qui sont sur A B, sçauoir 1, G, 2, tirer des lignes paralleles à l'horizon, sçauoir 1. 6, G I, 2. 5, & des poi. où elles couperont la ligne A E, sçauoir α, β, γ, tirant autant de perpend. sur A D, elles donneront les mémes poincts cy deuāt trouuez sçauoir α, β, γ, diuisant A S, en autant de parties égales qu'à été diuisé le côté A B, du quarré Geom. A B C D, lequel par ce moyen on peut mettre sur le tableau sans crainte de confusion de lignes, puis qu'il ne seroit point necessaire d'y auoir les seize quarrez pour auoir ceux du quarré Persp. A *b c* D, & autres quarrez plus outre comme sont ces deux *a b c d*, *a d e f*.

Et pour éuiter confusion de lignes, l'on n'a autre chose à faire, comme i'ay dit en la Preface, que d'effacer celles qui ont seruy, & marquer auec lettres, ou chifres les poincts necessaires pour les reduire en Perspectiue pour tracer d'autres lignes & poincts; ce que la pratique manifestera plus clairement que le discours.

Explication de la quatriéme planche de la 4. maniere.

S'IL arriuoit que le poi. Q, fût hors le tableau, & par consequent aussi l'angle droit A, S, Q, comme en céte quatriéme planche, alors ie ne pourrois me seruir de cét angle pour auoir les poincts requis sur A O, comme és planches precedentes. En ce cas donc ie les pourray trouuer, ayant premieremēt trouué les poincts de la ligne D O, en tirant d'iceux des paralleles à la ligne A D. Mais s'il arriue que la base D R, soit si petite qu'elle ne puisse commodément être diuisée en quatre parties égales pour auoir les poi. susdits; alors nonobstant que l'angle droit S, soit hors le tableau, ie ne laisseray de trouuer les poincts de la ligne A O, par deux inuentions.

Premierement par le point ♪, qui m'est donné par la ligne R N, coupant la ligne O F: car si de ce point ie tire vne ligne au point M, elle me donnera le point *b*, sur la ligne A O. Secondement par le point ζ, (qui est sur D O) lequel ie trouue comme s'ensuit: Ayant tiré la ligne C F, ie tire du point A, par le point d'élongnement E, vne autre ligne, qui coupe la susdite C F, au point ε, duquel tirant vne ligne parallele au côté C D, elle rencontre D O, en ce point ζ. Ce point donc étant ainsi trouué ie tire d'iceluy au point M, vne ligne qui me donne sur A O, le point *b*, comme dessus. Vous voyez donc comme ie trouue ce point *b*, par l'vn de ces poincts ♪, ζ, lequel ie voudray

Icy la quatriéme planche de la 4. maniere.

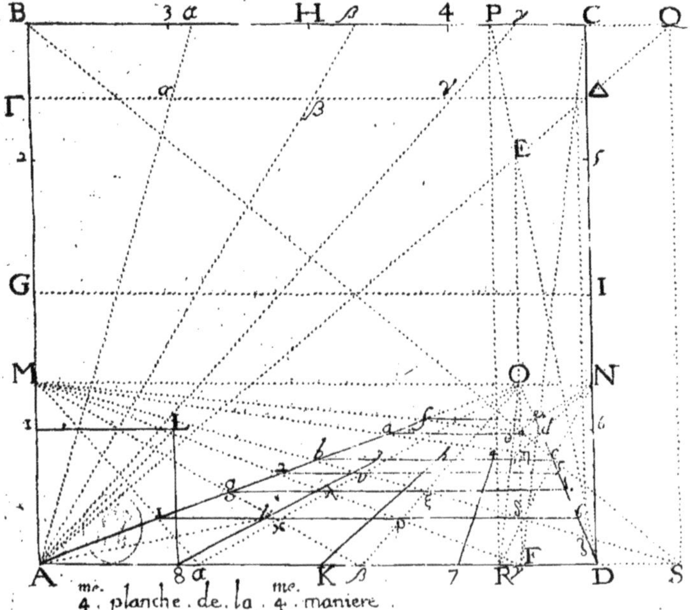

4.me planche. de. la. 4.me maniere.

sans me seruir de l'angle droit S. Reste maintenant à dire comment ie trouueray sur A O, les autres poi. 1, *g*, 2, ne pouuant les trouuer par la diuision de la base A S, que ie ne peux auoir entiere. Du poi. Δ (auquel A E, prolongée coupe le côté C D) ie tire Δ Γ, parallele au côté B C, & la diuise en quatre parties égales és poi. α, β, γ, par lêquels du poi. A, ayant tiré des lignes iusques au côté B C, i'auray les parties B α, α β, β γ, que ie transporteray sur A D, pour auoir les poi. α, β, γ, dêquels tirant au poi. M, autant de lignes elles couperont A O, és poi. 1, *g*, 2, selon le requis, faisant le reste comme és precedentes planches, la méme pratique sert pour diuiser inegalement le côté Persp. A *b*. Et pour auoir le côté *a d*, d'vn second quarré Persp. *a b c d*; du poi. R, ie tire R O, qui coupe le côté *b c*, au point *p*, duquel au poi. N, ie tire vne ligne, qui coupe D O, au point *d*, et F O, au poi. κ, duquel ie tire au point M, vne ligne, qui me donne sur A O, le poi. *a* : Enfin de ce poi. *a*, ie tire vne ligne au poi. *d*, qui doit être parallele à *b c*. Et pour auoir le côté *f e*, du troisiéme quarré Persp. *a d e f*; le côté *a d*, étant desia coupé par R O, au poi. θ, de ce poi. ie tire vne ligne au poi. N, qui coupe D O, au poi. *e*, & la lig. F O, au poi. ι, duquel au poi. M, ie tire vne lig.

qui coupe A O, au poi. *f*, duquel ie tire vne ligne au poi. *e*, parallele à la lig. horizontale M N. Que s'il y a quelqu'vn des poi. α, β, γ, que ie ne puisse auoir sur A D, méme par le remede susdit, à cause qu'il tombera entre D S, voire si ie n'en peux auoir qu'vn, à sçauoir α, ie ne laisseray pas de trouuer les poi. *g*, 2, sur le côté Persp. A *b*, comme s'ensuit: Ayant trouué le poi. 1, sur A O, par le moien de la lig. α M, & d'iceluy tiré la lig. 1. 6, paral. à A D; du poi. κ, où elle sera coupée par α O, ie tire vne lig. au poi. M, & elle me donnera le poi. *g*, tout de méme que si ie l'auois tirée du poi. β, puis ayant tiré la lig. *g i*, parallele à A D; du poi. λ, où elle sera coupée par α O, ou bien du poi. μ, auquel la lig. 1. 6, le sera par β O, (en cas que ie pûsse auoir le poi. β) ie tire au poi. M, vne ligne qui me donnera sur A O, le poi. 2, tout de méme que si ie l'auois tirée du poi. γ: voire méme aprés auoir trouué les poi. 1, *g*, 2, ie trouueray le poi. *b*, par le moien du poi. ν, auquel α O, coupe 2. 5, parallele à *b c*: ou par le moien du poi. Ξ, auquel β O, coupe *g i*: Ou méme du poi. δ, auquel γ O, (si ie la pouuois tirer) couperoit 1. 6; car si de l'vn de ces poincts ie tire vne lig. à M, elle me donnera le poi. *b*, tout le méme que si ie l'auois tirée du point S.

Céte situation du point d'élongnement E, dans tout le parallelogramme B C I G, & méme sur le côté B C, n'est approuuée de quelques-vns, qui veulent que la ligne d'élongnement E F, soit pour le moins égale à la diagonale du quarré qu'on veut reduire en Persp. & qu'autrement elle sera fausse. Car (disent-ils) si la diagonale de quelque petit quarré Perspectif sur l'vn ou l'autre des poi. extrémes de la lig. de terre (comme vous voyez en céte planche sur l'angle A, le quarré Perspectif A 8 *l* 1,) n'est moindre que celle de son petit quarré Geom. le point d'élongnement est trop proche de la ligne de terre. Et d'autres tiennent que l'objet est assez bien veu quand le point d'élongnemẽt est mis sur la ligne G I, pource que de ce poi. il sera veu sous vn angle droit, si c'est de droite veuë. Il est vray que la veuë n'opere pas si l'objet est trop proche, & s'il n'est dans la sphere des sujets visibles. Les rais visuels, soit qu'ils procedent de l'objet, soit qu'il les reçoiue de la veuë, se confondent quand ils manquent de distance suffisante pour être discernez, ou pour être receuz de l'organe.

Icy la cinquiéme planche de la 4. maniere.

IL faut noter en céte quatriéme maniere, que le poi. d'élongnement étant hors le plan Geometral parallelog. ou quarré (cõme est le poi. E*, en chacune des quatre figures de céte 5me. planche) les triangles se separent, comme i'ay fait voir en la 3me. planche, & comme vous voyez en la quatriéme figure les triangles A S Q, D R P. Alors de leurs angles droits S, R, à leurs tiers points opposez M, N, extrémes de l'horizontale, ie tire deux lig. cõme i'ay fait és precedentes planches de céte 4me. maniere; lêquelles deux lig. coupent A O, D O, és poi. β, γ, qui joints me donnent le quarré Persp. A β γ D, semblable aux trois autres quarrez Persp. des trois figures qui precedent céte 4me. figure.

I'ay mis ces quatre manieres ensemble, pour faire rememorer le Curieux, qui aura speculé patiemment céte ouurage, & pour faire voir plus commodément leurs differences, afin qu'il choisisse celle qui luy sera plus agreable.

Que si le poi. d'élongnement est hors le quarré, & que pour cela ie ne puisse sortir d'iceluy, alors si ce qui en sort est moindre que le côté d'iceluy, (comme en chacune des quatre figures de céte 5me. planche vous voyez G E*) ie trãsporte cét excez G E*, sur la lig. d'élongnement depuis F, iusques à H; & du poi. H, ie tire la lig. H B, que ie diuise par la moitié au poi. I, par lequel en chacune des trois premieres figures, tirant A Δ, tant au dessus qu'au dessous de la lig. de terre A D, & la lig. A Q, en la 4me. figure, elle me donne sur le côté B C, de chacune des trois premieres figures le méme poi. Δ, & en la 4me. figure le méme point Q, que m'auroit donné la ligne A E*, si ie l'auois pû tirer, pour auoir par le moien des lig. Q S, S M, de la 4me. figure le poi. β, sur A O. L'on aura encore en céte 4me. figure la ligne A Q, si l'on tire A H, qui coupera B F, au poi. Γ, & de ce poi. tirãt Γ Q, parallele à A B; & és trois figures precedentes tirant Γ Δ, pour auoir A Δ. En chacune de ces trois precedentes figures, pour auoir le poi. β, sur A O, il n'est point de besoin de produire la lig. A I, vers le côté B C; car en la premiere figure cette ligne A I, coupant la lig. B F, au poi. K, si ie tire perpendiculairemẽt sur A D, la lig. K S, elle coupera la ligne A O, au point β, requis. En la seconde, la lig. A I, coupant la lig. ✠ ✠, au poi. X, d'iceluy ie tire sur A D, la perpend. X Z, & puis ayant diuisé M O,

par

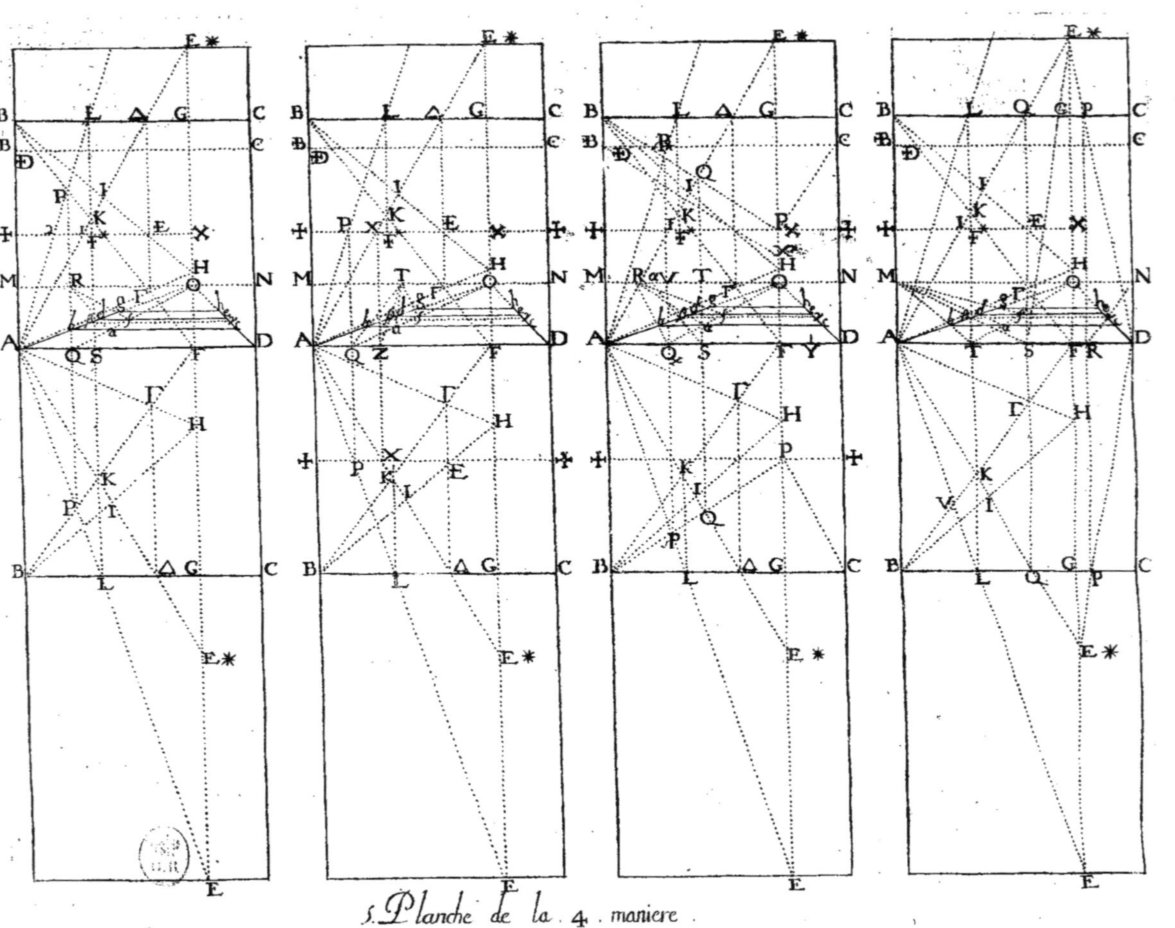

5. Planche de la 4. maniere

par la moitié au poi. T, (qui sert icy de tiers point) de ce point ie tire T Z, qui coupe A O, au poi. β, requis. En la troisiéme figure la lig. A I, étant produite vers le côté B C, elle coupe B P, au poi. Q, duquel tirant au côté A D, la perpendiculaire Q S, elle coupe l'horizontale M N, au point T, & diuisant M T, en deux parts égales au point α, de ce point (qui sert icy de tiers-point) tirant α S, elle coupera A O, au poi. β, requis. Et pour satisfaire à la promesse que i'ay cy-deuant faite de donner à chacune des quatre manieres l'inuention de racourcir le quarré, le point d'élongnement étant si reculé de la lig. de terre, qu'il sortist hors du quarré d'vne, ou plusieurs fois le côté B C, d'iceluy quarré, & que le tableau fust si êtroit, & la galerie si courte que le point d'élongnement n'y peust étre placé; pourueu que ie sçache combien contient de pieds, ou de toises, tant la ligne d'élongnement E F, comme la ligne de terre A D; ie fais icy cõme i'ay fait en la troisiéme planche de la premiere maniere; c'est à dire, i'ôte la ligne de terre A D, de la ligne E G, qui est la partie de la ligne d'élongnement, qui se trouue hors du quarré: ie l'en ôte dis-je autant de fois que ie l'en peux ôter; & sur la ligne d'élongnement tracée sur le tableau, ie mets le reste, s'il y en a, depuis F, iusques à H. Par exemple, si la ligne de terre est de quinze pieds, & la ligne d'élongnement de 35. de maniere qu'elle sorte vingt pieds hors le quarré, de ces vingt pieds i'en ôté quinze, cét á dire vne fois le côté A D, comme en chacune des quatre figures, & il me restera cinq pieds pour F H. Pour donc poursuiure: apres auoir par le point I, tiré la ligne A △, de chacune des trois premieres figures, & A Q, de la 4me. figure, comme l'on fait lors que l'excez de la ligne d'élongnement par dessus le côté du quarré est moindre que ledit côté. Ayant dis-je tiré céte ligne A △, de chacune des trois premieres figures, & A Q, de la quatriéme figure qui me coupe B F, au point K, pour vne fois que i'ay ôté le côté A D, de la lig. E G, ie tire par ce point K, de la quatriéme figure la lig. L T, perpend. sur A D, & du poi. T, tirant la lig. T M, elle me coupera A O, au poi. *b*, pour le quarré Persp. A *b c* D. Si dessous la ligne de terre A D, de la 4me. figure i'auois à ôter plus d'vne fois le côté B C, de la lig. E G, alors du poi. L, ou la lig. L T, rencontre ledit côté B C, ie tirerois la lig. L A, & par le poi. V, ou elle couperoit B F, ie tirerois vne ligne perpendiculaire sur A D, qui la rencontreroit en vn point, duquel il faudroit tirer vne ligne au poi. M, & de méme faudroit poursuiure si on auoit ôté B C, plus de deux fois de la ligne E G. Pour ce qui est de la premiere figure ie r'enuoye le Lecteur à la troisiéme planche de la premiere maniere, pour passer à la seconde figure. Or pour trouuer en céte seconde figure le point *b*, sur A O, & par consequent le quarré Persp. A *b c* D, selon la lig. de distance E F, cogneuë, pour exemple de 35. pieds, dont la lig. E G, qui est hors le quarré en contient 20. i'en ôte 15. & aux cinq restans, sçauoir G E*, ie fay égale F H, & au poi. H, ie tire B H, que ie diuise par la moitié au poi. I, duquel au poi. A, ie tire vne ligne qui coupe B F, au poi. K; de ce point ie tire K L, parallele au côté A B, & du poi. L, ie tire L A, qui coupe la ligne ✠ ✠, au poi. P, duquel ie tire P Q, parallele au côté A B, & du poi. Q, au poi. T, (cy-dessus trouué pour seruir de tiers-point) ie tire vne ligne qui coupe A O, au poi. *b*, requis. Finalement pour trouuer ce point *b*, en la troisiéme figure, aprés auoir fait comme cy-deuant, cêt à dire diuisé par la moitié la lig. B H, au poi. I, de ce point au poi. A, ie tire vne ligne qui coupe B F, au poi. K, duquel sur B C, ie tire K L, parallele au côté A B, & du poi. L, ie tire L A, qui coupe B P, au poi. Ꝑ, duquel sur A D, Ꝑ Ꝗ, parallele au côté A B, & qui coupe l'horizontale M N, au poi. V: puis ie diuise la partie M V, par la moitié au point R, duquel au poi. Ꝗ, ie tire vne ligne qui coupe A O, au point *b*, requis. Si l'excez est justement égal, double, ou triple, &c. du côté A B, du quarré Geom. sans aucun reste comme est F H, alors au lieu de tirer B H, il faut tirer B F, & la diuiser par le milieu comme vous la voyez en chacune de ces quatre figures diuisée au poi. *, duquel faudroit tirer vne ligne perpend. au côté B C, comme a esté tirée K L, &c. comme cy dessus. Mais si au lieu du quarré A B C D, on n'a que le parallelogramme A Ƀ C D, pour tableau en l'vne ou en l'autre de ces quatre manieres, alors (aprés que l'on a tiré F V, ne pouuant tirer F E) à la moitié du côté A D, de châcune d'icelles, & premierement de la premiere figure, faut faire égales A ✠, F ✕, & tirer la ligne ✠ ✕, qu'il faut diuiser par la moitié au point *, par lequel du poi. F, faut tirer F Ꟈ, qui coupe A H, au poi. Γ, (aprés auoir treuué le point H, comme cy deuant, & tirer la ligne A H:) duquel point Γ, faut leuer ſur ✠ ✕, la perpendiculaire ✠E Γ. Puis faut diuiſer ✠E ✠, par la moitié au poi. 1; par lequel du poi. A, faut tirer A K, & du poi. K, ſur ✠ ✠E, faut tirer la perpend. K ✠F, puis diuiſer par la moitié ✠F ✠, au poi. 2. par lequel du poi. A, faut tirer A P, & du poi. P, tirer ſur A D, la perpend. PQ, qui coupe A O, au point *b*, requis. En la deuxiéme figure, ayant treuué les poi. X, P, comme les poi. 1, 2, en la premiere: & auſſi tiré la lig. PQ, & diuiſé M O, également au poi. T, faut tirer Q T, qui donnera ſur A O, le poi. *b*, requis. En la troiſiéme figure ayant treuué les points 1, 2, (comme en la premiere figure) du poi. A, par le poi. 2, faut tirer vne ligne qui rencontrera ✠B C, au poi. *. Puis ayant pris ſur F P, la grandeur P X, égale à D Y, (qui eſt l'excez de A D, ſur A ✠B,) du poi. X, faut tirer vne ligne au poi. B, à laquelle faut tirer parallele vne ligne du poi. P, qui coupera la ligne A * au poi. ✠P; duquel tirant ✠P ✠Q, perpend. ſur A D, elle coupera M N, au poi. V, puis faut diuiſer M V, par la moitié au poi. R, & la lig. ✠Q R, donnera ſur A O, le poi. *b*, requis. Finalement en la quatriéme figure ayant treuué le point 1, comme és precedentes figures (ſans ſe ſoucier du poi. 2, n'y ſeruant de rien :) du point A, par ce poi. 1, faut tirer vne ligne qui coupera F ✠D, au point K, duquel tirant ſur A D, la perpend. K T, la ligne T M, donnera ſur A O, le point *b*, requis. Derechef, n'ayant que le parallelogramme A ✠B C D, pour tableau, & pour y tirer le poi. I, afin de tirer par iceluy vne ligne du point A, comme cy deſſus, il faut au côté A ✠B, faire égale A Y, & à D Y, faire égale H Z, & ce aprez auoir treuué, comme cy deuant, l'excez F H : Puis du point Z, faut tirer Z ✠B, & la diuiſer par la moitié au point I, &c.

Icy la sixiéme planche de la 4. maniere.

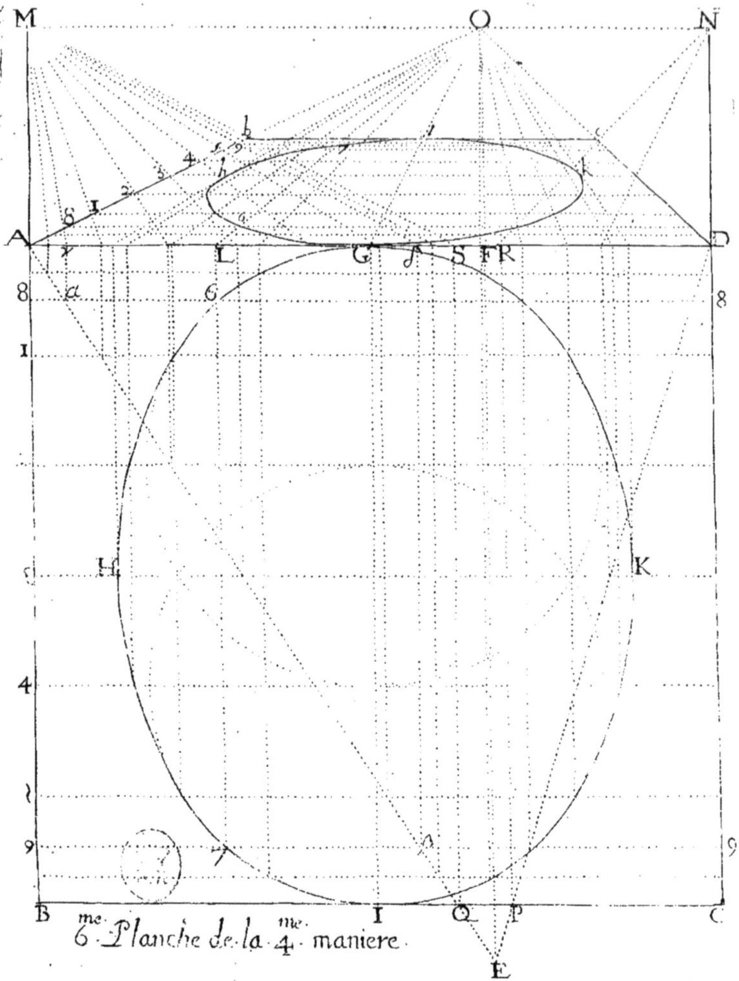

6.me Planche de la 4.me maniere

QVe si la ligne proposée à reduire en perspectiue n'est pas droite, alors il ne suffira pas de treuuer les images de ses deux extremitez pour tirer son image : mais il faudra treuuer, comme cy-dessus, les images de diuers autres points pris entre les deux extremes : & puis conduire dextrement le crayon par toutes les images trouuées, de sorte qu'il n'aparoisse point d'angles ; & la ligne qui aura ainsi été tirée, sera l'image de la ligne courbe proposée. Or vous remarquerez que plus vous treuuerez d'images de diuers points d'vne ligne courbe ainsi proposée, plus vous aurez exactement son image, ou peinture. Pour exemple, si ie veux reduire en perspectiue l'ouale GHIK, donnée dans le quarré Geom. ABCD, de cette 6, planche, (lequel quarré Geom. i'ay mis souz la ligne de terre AD, pour éuiter confusion de lignes auec le plan pers. ou sur le tableau, duquel, comme i'ay dit en la préface, faut effacer les lignes qui ont seruy, & ainsi elles ne causeront aucune confusion sur le plan perspectif; mais pour instruire, il est necessaire de laisser toutes sortes de lignes sur le tableau, comme i'ay declaré au lieu susdit) ie tireray dans le quarré plusieurs lignes perpendiculaires à la ligne de terre AD, & des points où elles la rencontreront, ie tireray autant de lignes au point principal O: puis par les poi. où ces perpend. couperont l'ouale, ie tireray autant de lignes paralleles à la mesme ligne de terre, remarquant les poi. où elles couperont les lig. AE, DE; & portant sur AD, les interuales qu'il y aura depuis AB, ou CD, iusques à ces poi. i'auray autant d'autres poi. sur AD; déquels tirant autant de lignes aux poi. M, N, elles me donneront sur AO, DO, autant de poi. par léquels tirant des lignes paralleles à AD, elles couperont celles qui vont à O, châcune en vn poi. En fin par ces poi. ainsi treuuez, tirant d'extrement vne ligne. elle sera l'image du contour de l'ouale. Ainsi la ligne 6, 7, me donne sur AD, le point L, duquel ie tire LO, & les lignes 8. 6, 9. 7, coupant AE, és poi. α, β, ie fay Aγ, égale à 8α; & Aδ, à 9β: & des poi. γ, δ, ie tire γM, δM, qui me donnent sur AO, les poi. 8, 9: déquels tirant 8. 8, 9. 9, elles me donnent sur LO, les images des poi. 6, 7, de l'ouale donnée; & de méme des autres.

Explication de la septiéme planche de la 4. maniere.

POVR ce qui est des points qui seroient donnez dehors ou à côté du premier quarré Geometral (duquel le côté soit, pour exemple de quinze pieds, ou mesures, cõme en cette septiéme planche le côté CD,) i'essayeray de treuuer leurs images comme s'ensuit: Posons que le poi. G, imaginé être hors le tableau (comme il est icy vers la main droite) me seroit donné à peindre sur iceluy tableau: & que par exemple, il soit éloigné du côté CD, d'vn pied & demy, & de tréze de la ligne de terre AD (si elle étoit prolongée vers D;) pour ce faire du poi. H,

Voy la septiéme planche de la 4. maniere.

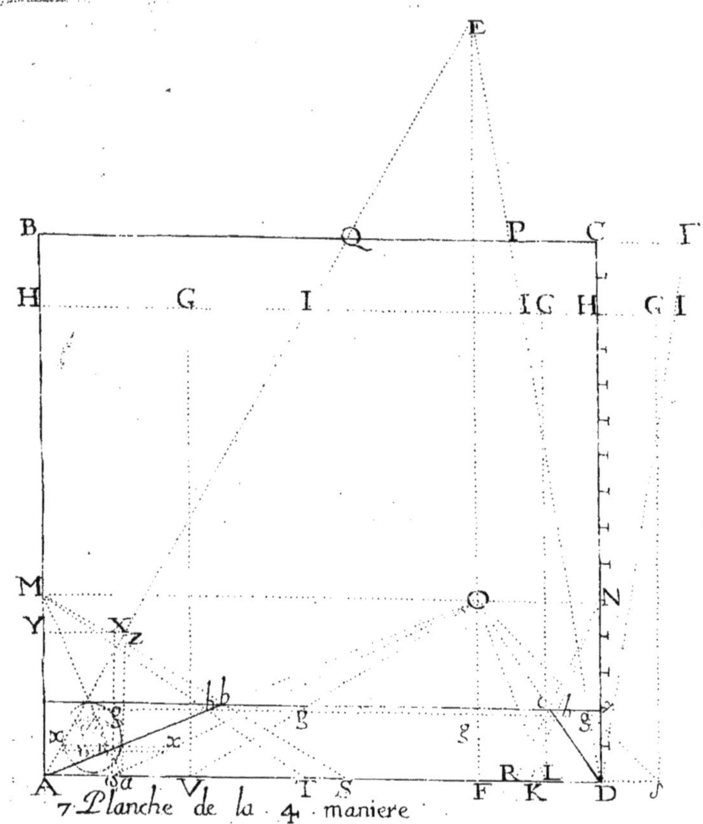

7 Planche de la 4 maniere

(extrémë des tréze pïeds sur le côté C D,) ie tire H H, paralle-le à la lig. de terre A D, laquelle coupe D E, au poi. I: & sur icelle H I, ie prends H G, en dedans du quarré vn pied & demy, c'est à dire, égale à H G, qu'on supposoit en dehors; puis sur A D, ie prends D L, égale à H G, & D K, égale à H I: & du poi. L, ie tire L O, sur laquelle ie treuue, comme s'ensuit, le poi. g, image du poi. G, qui est sur la ligne H I, dans l'enclos du quarré A B C D: Du poi. K, cy dessus trouué, ie tire K N, qui coupe D O, au poi. h, par lequel ie tire vne parallele au côté A I, qui coupe L O, au susdit poi. g. Maintenant à la lig. h g, enclose dans le quarré perspectif A b c C, ie fay égale h g, qui en est hors, vers la main droite, dans vn autre quarré perspectif, qui ne peut être veu entier, dans lequel le poi. *g*, est l'image du poi. G, donné. Or afin qu'on puisse connoître si le point donné hors le quarré n'en est point si éloigné qu'il ne se puisse voir: ayant sur le côté B C, prolongé, pris la lig. C r, égale à C P, & tiré la lig. D r, tout ce qui sera donné dans le triangle D C r, (égal au triangle D C P) c'est à dire, tout ce qui ne sera point plus éloigné du côté C D, en dehors sur la lig. H I, que le poi. I, en dedans, tout cela, di-je, se pourra voir, & par consequent peindre sur le tableau, & rien plus. De méme que le poi. G, me soit encor donné vers la main gauche hors le quarré, & qu'il soit éloigné du côté A B, pour exemple de quatre pieds, & de traize de la lig. de terre A D, si elle estoit prolongée vers A; Du poi. H, qui est sur A B, ie tire parallement au côté B C, vers A E, la lig. H I, sur laquelle ie mets le poi. G, distant de quatre pieds du poi. H, qui est sur le côté A B: puis à H I, sur la ligne de terre, ie fay égale A T, sur laquelle ie marque le poi. V, éloigné de A, de quatre pieds, comme G, est de H: & de ce poi. V, ie tire V O, sur laquelle ie treuue dans le plan perspectif A *b* *c* D, comme s'ensuit, le poi. *g*, image du poi. G, qui est dans le quarré; ou la lig. V *g*, perspectiue image de la lig. V G, Geometrale: Du poi. T, cy dessus trouué, ie tire T M, qui coupe A O, au point *h*, image du poi. H, qui est sur A B; par lequel point *h*, ie tire vne parallele au côté A D, qui coupe V O, au poi. *g*, & à la lig. *hg*, enclose dans le quarré perspectif A *b c* D, ie fay égale *hg*, qui en est hors vers la main gauche dans vn autre quarré perspectif, qui ne peut être veu entier, dans lequel le poi. *g*, est l'image du point G, donné hors le quarré A B C D. Si derechef on me donne le point X vers la main gauche, distant du côté A B, en dehors, pour exemple de deux pieds, & de quatre de la lig. de terre A D, si elle étoit prolongée vers A: Ie prends A Y, sur A B, de quatre des pieds, ou méme du côté D C; & par le poi. Y, ie tire Y Z, parallele à A D, qui coupe A E, au poi. Z: puis sur A D, ie prends A α, égale à Y Z, & A ω, à Y X, cêt à dire de deux pieds. Et du poi. ω, ie tire ω O, sur laquelle ie treuue le poi. *x*, en tirant par le poi. *y*, (qui m'est donné sur A O, & par α M) la ligne *xy*, parallele à A D. Finalement à céte lig. *yx*, qui est dans le quarré perspectif A *b c* D, ie fay égale *yx*, en dehors d'iceluy, & ainsi i'ay le poi. *x*, pour image du point X, qui m'étoit donné hors le premier quarré Geom. Remarquez que i'ay dit cy dessus (*i'essaieray*) pour ce que si, pour exemple, le point donné est plus éloigné du quarré que n'est grande la lig. H I, alors l'image de ce point ne tombera dans le triangle perspectif D *c γ*, qui est l'image du triangle D C Γ.

Icy la huictiéme planche de la 4. maniere.

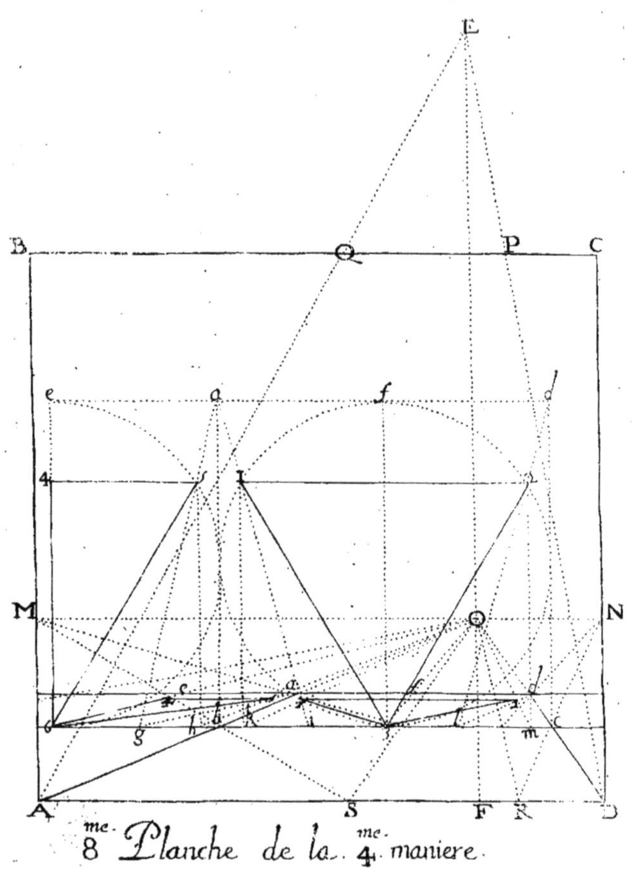

8me. Planche de la 4me. maniere.

SI dans cette 8me. planche en son quarré perspectif *a b c d*, ie veux auoir l'image d'vn triangle équilateral, (comme par la 4me. planche de la premiere maniere, ou de la cinquiéme de la deuxiéme maniere, & de la cinquiéme de la troisiéme maniere) ie me sers du côté *b c*, pour lig. de terre, sur laquelle ie fay le quarré Geometral *a b c d*, & dans iceluy le triangle 1. 2. 3. duquel ie peux treuuer l'image dans le quarré pers. *b a d c*, comme i'ay fait en la en la neufiéme planche ſuiuante, dans le quarré Perſp. A *bc* D. Mais ſi dans vn autre quarré Perſp. décrit conſecutiuement au ſuſdit *badc*, vers la gauche, ie veux trouuer l'image du triangle 4. 5 6, ie me ſers de la lig. *b* 6, pour ligne de terre, & ſur icelle ie fais le parallelog. rectangle *ab*6*e*, pour plan Geom. & mets en iceluy le triangle 4. 5. 6. ie trouue donc les images des poi. 4. 5. commençant par le poi. 4. de l'angle *a*, Geom. ie tire la ligne *ag*, à tel point que ie veux de la baze *b* 6, du parallelogramme rectangle Geometral *ab*6*e*, ſans conſiderer l'angle 5. du triangle Geometral 4. 5. 6, mais pource qu'il me faut auſſi trouuer l'image dudit angle ou point 5, qui eſt de pareille éleuation que le point 4. ſur la ligne de terre *b* 6, pour cette cauſe i'ay tiré à deſſein la ligne *ag*, par ledit point 5; & de ce point 5, ie tire la lig. 5 *h*, perpendiculaire ſur *b*6, qui ſert de ligne de terre tant audit plan Geometral *ab*6*e*, qu'au plan Perſpectif *ab*6*e*. Puis ayant tiré les lignes 6 O, *h* O; du point 5, Perſpectif ou *h* O, ſera coupée par *ga*, image de la ſuſdite ligne Geometrale *ga*, ie tire la ligne 5. 4, parallele à la ligne de terre *b* 6, qui coupe 6 O, au point 4, requis image du point 4.

PERSPECTIVE DES CINQ CORPS Reguliers de Geometrie.

Icy la neufiéme planche de la quatriéme Maniere.

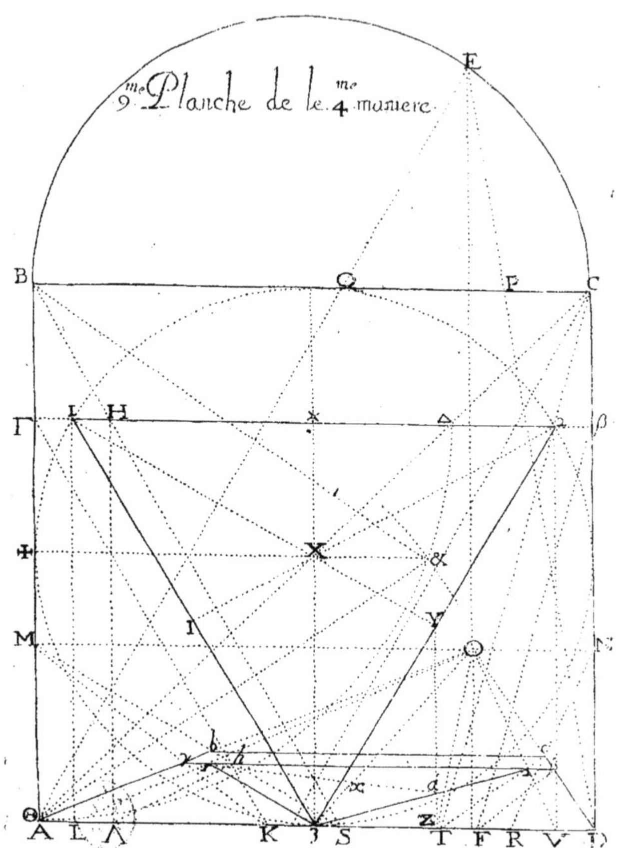

EN la neufiéme planche de la quatriéme maniere, le triangle equilateral 1. 2. 3, eſt la baze du Tetraëdre à conſtruire ſur l'vne de ſes quatre faces, dans le quarré Perſpectif de la dixiéme planche ſuiuante; ou ſur l'vne de ſes pointes en l'onziéme. Par cette quatriéme maniere, comme par les trois precedentes, ie donne premierement le moyen de trouuer l'image du poi. 1, dudit triangle equilateral 1. 2. 3 : & pour ce faire, aprés auoir pris sur le côté A D, la grandeur A S, égale à B Q, du poi. B, au poi. S, ie tire vne lig. qui est coupée au poi. H, par la ligne Γ H, qui passe par le poi. 1, & laquelle est parallele à l'horizon. A cette ligne Γ H, ie fais égale K S, afin de tirer K Γ, parallele à B S: puis du poi. K, ie tire K M, qui dans le plan Persp. coupe le côté A *b*, au poi. γ, image du poi. Γ, Geometral; & du poi. 1, Geom. qui est entre Γ H, ie tire sur A D, la perpend. 1 L, & du poi. L, au poi. principal O, vne lig. que ie coupe par vne parallele au côté *b c*, tirée du poi. γ, pour auoir le poi. 1, image du poi. 1, Geom. Aprés que la lig. B S, a esté tirée par le poi. H, si de ce point l'on veut auoir l'image, il faut tirer H A, perpend. sur la lig. de terre A D; puis du point S, au point *b*, vne ligne qui sera coupée au point *h*, requis par vne ligne qu'il faut tirer du point A, vers le point de veüe O.

Ie trouue de mesme façon l'image du poi. 2; car de l'angle C, par ce poi. 2, ie tire vne ligne qui rencontre le côté A D, au poi. T, duquel ie tire T *c*, laquelle ie coupe au poi. 2, par vne lig. tirée au poi. principal O, du poi. V, qui m'est donné par la perpendiculaire V 2.

Maintenant ie joins les points 1, 2, & de chacun d'iceux tirant vne lig. au point 3, i'ay le triangle Perspectif requis 1. 2. 3. Et pour trouuer le centre *x*, de ce triangle (lequel centre *x*, est l'image du point X, centre du triangle Geom. 1. 2. 3,) ie diuise par la moitié le côté 2. 3, du triangle Geom. 1. 2. 3, au poi. Y, & de ce poi. sur le côté A D, ie tire perpend. Y Z. & du poi. Z, ie tire Z O, qui coupe le côté 2. 3, du triangle Persp. au poi. *a*, duquel à l'angle 1, ie tire vne ligne, qui par la lig. 3 O, est coupée au point *x*, requis.

Or pour entendre les deux planches suiuantes, il faut s'imaginer que plusieurs lignes qui ont seruy en la neufiéme planche (qui est le mur, ou tableau, sur lequel doit estre representé l'vn ou l'autre des deux Tetraëdres) y ont esté effacées pour éuiter confusion de lignes: ce qui est aussi la cause pour laquelle i'ay fait les deux planches suiuantes, pour y mettre les deux Tetraëdres Perspectifs, qui autrement eussent deu estre mis en la neufiéme, sur le triangle Perspectif qui y a esté décrit. Finalement en céte neufiéme planche ie donne plusieurs moyens de trouuer la hauteur du Tetraëdre Perspectif à construire pour l'appliquer és deux planches suiuantes.

A la hauteur 3 *, de ce triangle Geometral 1. 2. 3, ie fais égales A Γ, ou ⊙ Γ, Γ △, pour auoir le quart de cercle ⊙ & △, auquel, par le centre X, dudit triangle, ie tire ✠ &, parallele à Γ △, & cette ligne ✠ &, est la hauteur requise. Ou sans faire l'arc ⊙ & △, ayant fait A ✠, égale à 3 X, & du point ✠, par X, tiré vne ligne infinie parallele à A D, puis auec le compas prenans la grandeur d'vn des côtez du triangle, & mettans l'vne des poinctes sur A, & de l'autre faisant section de cercle au point &, sur ladite parallele infinie, tirée du point ✠, par X, l'on aura ladite hauteur ✠ &, égale à la corde ✠ 3, du quadrant ✠ 3, qui est la quarte partie du cercle dans lequel est inscrit le triangle. Ou de l'angle 1, du triangle ie tire 1 L, parallele & égale à la ligne *3, & du mesme angle 1, comme centre, interual 1 L, ie décris vn arc, qui rencontre le côté 1. 2, du triangle au point Ξ; puis par le point X, ie tire vne ligne parallele à l'horizon, qui rencontre d'vn bout l'arc L Ξ, au point Σ, & de l'autre bout la ligne 1 L, au point Π; de sorte que cette ligne Π Σ, est la hauteur requise. Ou si l'on diuise X 3, en trois parties égales, & qu'on diminuë l'vn des côtez du triangle d'vne tierce partie, le reste sera la hauteur requise. Mais plus briefuement c'est la demie diagonale A X, du quarré dans lequel sont le cercle, & le triangle donné comme vous le voyez disposé en la neufiéme planche.

Explication de la dixiéme planche de la 4. maniere.

POVR donc trouuer en la dixiéme planche de cette quatriéme maniere la hauteur *x y*, du Tetraëdre Perspectif; sur le côté A D, ou A ⊙, ie fais égale Γ D, ou Γ ⊙, à la ligne Γ ⊙, qui est sur le côté A B, du quarré Geometral A B C D, de la neufiéme planche pour seruir de baze en la dixiéme au triangle Γ I ⊙, égal à la moitié dudit triangle equilateral 1. 2. 3, de la neufiéme planche. Puis, aprés auoir produit le côté Γ I, du triangle Γ D I, ou Γ ⊙ I, iusques au point △, autant qu'est longue sa baze Γ D, ou Γ ⊙, de l'interual de cette baze Γ D, ou Γ ⊙, & du centre Γ, ie décris le quadrant D & △; & du

Icy la dixiéme planche de la 4. maniere.

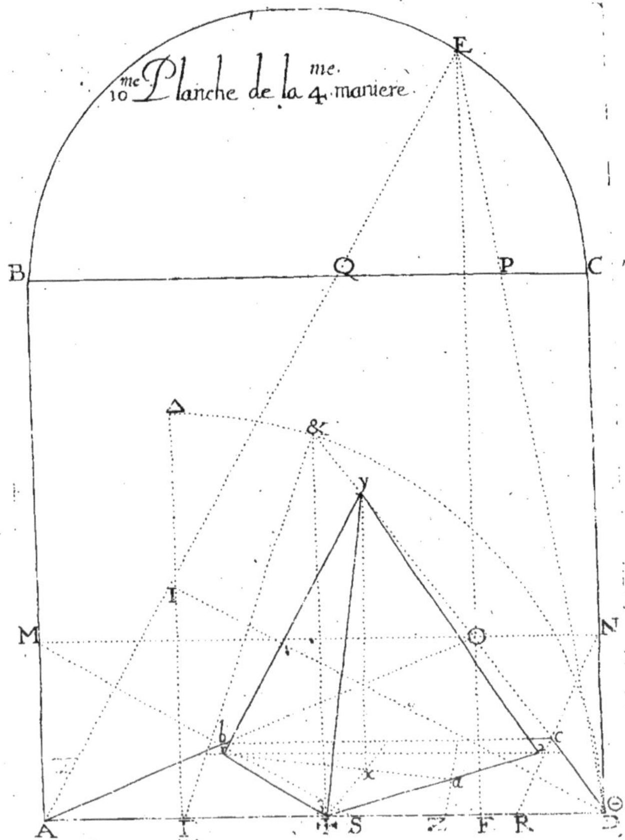

point ✠, ou 3, (qui repreſente le point X, de la neufiéme planche) ie leue perpendiculairement ſur A D, vne ligne qui coupe le quadrant au point &, duquel au point principal O, ie tire vne ligne laquelle eſt rencontrée au point *y*, par la ligne *x y*, parallele à ladite ligne 3 &, ou ✠ &. Ce point *y*, eſtant ainſi trouué, ſi ie tire d'iceluy aux points 1. 2. 3, du triangle Perſpectif autant de lignes i'auray mon Tetraëdre Perſpectif décrit, & poſé ſur ſa baze 1. 2. 3.

Icy la vnziéme planche de la 4. maniere.

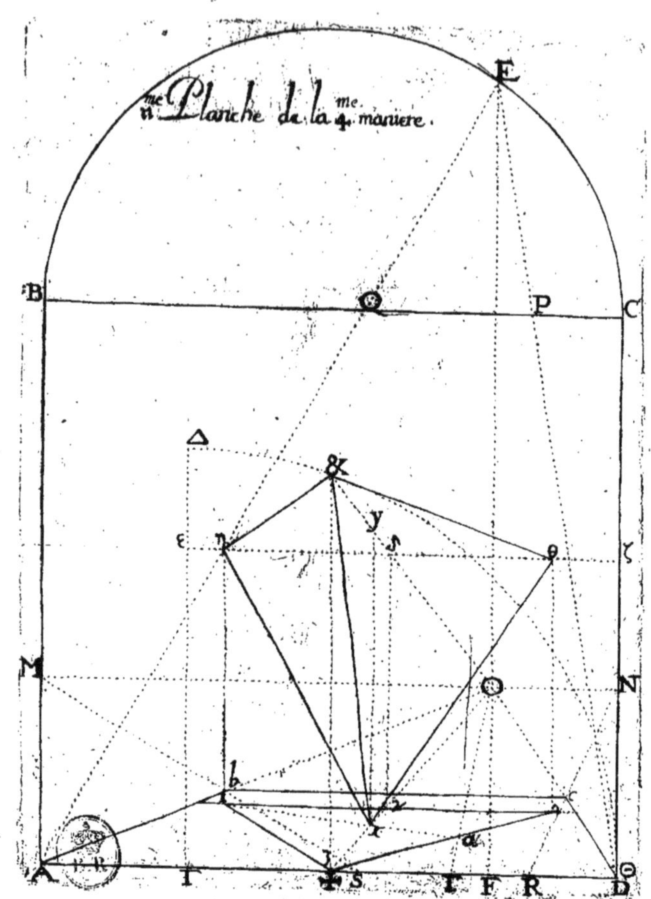

POVR ce qui est de l'vnziéme planche, (qui represente le Tetraëdre leué perpend. sur l'vne de ses pointes, ou angle solide) ayant comme en la dixiéme tiré 3 &, ou ✠ &, et tiré la lig. & O: du poi. γ, ou la lig. 3 O, ou ✠ O, coupe le côté 1. 2, du triangle Persp. 1. 2. 3, ie tire la ligne γ δ, parallele à la lig. 3 &, ou ✠ &: Puis par le poi. δ, ou elle rencontre la lig. & O, ie tire la lig. ε ζ, parall. à l'horizon, & des points 1. 2, du triangle Persp. ie tire des lig. paralleles à 3 &, ou ✠ &, qui rencontrent la lig. ε ζ, és poi. η θ, pour la face superieure η θ &, de mon Tetraëdre Persp. dont la pointe d'embas marquée par x, est le centre du triangle Perspectif 1. 2. 3. Ayant donc du point x, tiré les lignes x &, x η, x θ, i'auray mon Tetraëdre Perspectif renuersé.

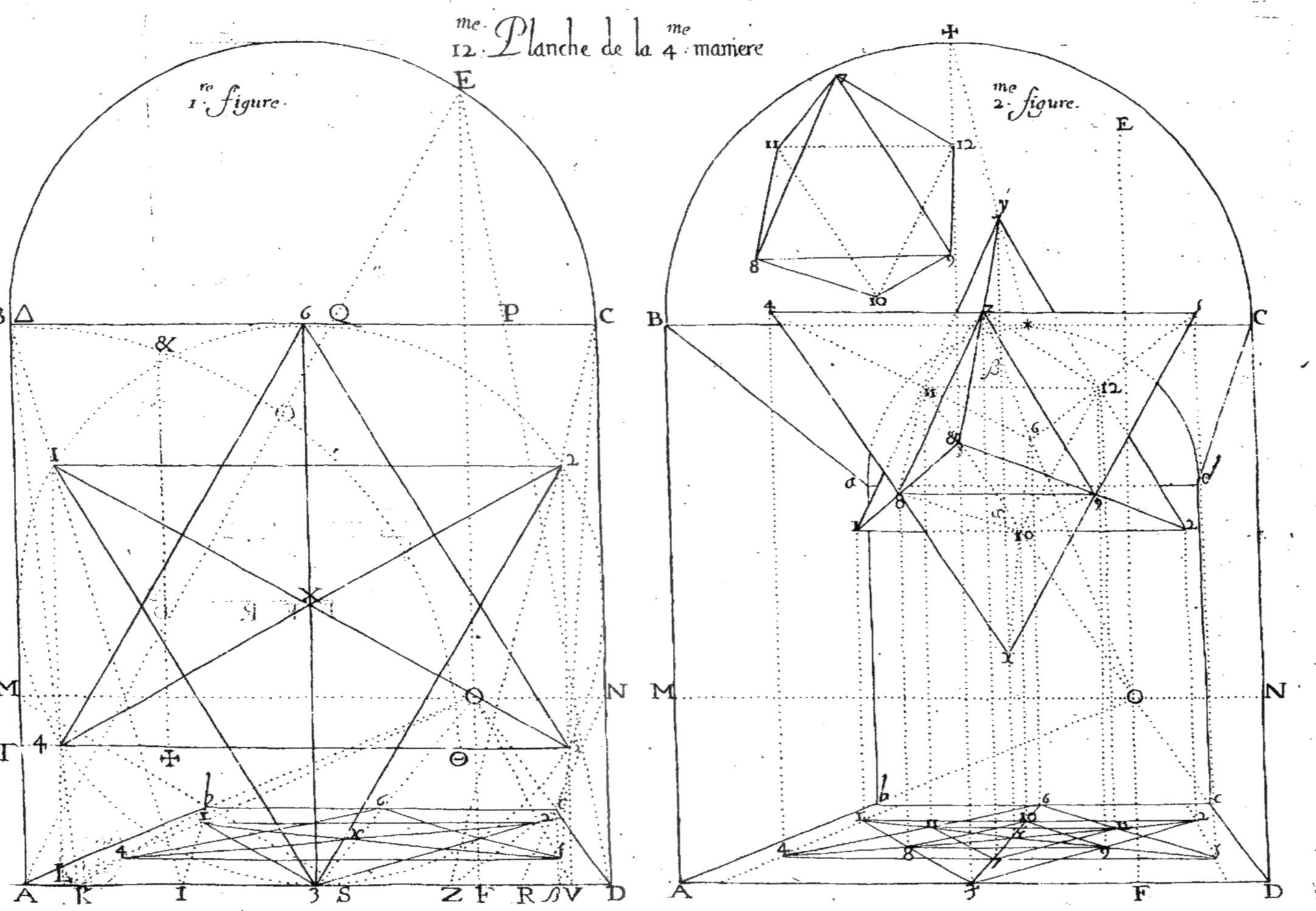
12.me Planche de la 4.me maniere
1.re figure
2.me figure

Voy la douziéme planche de la 4. maniere.

LA premiere figure de la douziéme planche de cette quatriéme maniere ſert de plan Geometral, & Perſpectif pour la ſeconde figure, dont le ſolide doit eſtre entendu tracé ſous la voulte de la premiere figure, qui eſt le tableau propoſé pour y repreſenter ce ſolide aprés en auoir effacé le plan Geometral ; ce qu'on doit entendre des ſolides ſuiuants. En la ſeconde figure ſont aſſemblez les deux Tetraëdres precedents, qui font vn corps ſolide de huit pointes, qui ſont marquées par 1, 2, 3, 4, 5, 6, *x*, *y*, dont les baſes enſemble compoſent vn Octoëdre au milieu d'iceluy corps ; duquel i'ay extrait cét Octoëdre qui eſt ſous l'arc B ✠ C, pour faire connoître plus clairement que ce ſolide contient en ſoy vn Octoëdre regulier, dont les huit faces triangulaires equilateres ſont les bazes de huit Tetraëdres dont i'ay declaré les poinctes cy-deſſus : l'vne dêquelles, ſçauoir *y*, ſur la lig. ✠ *, (vers le point de veüe O,) eſt au milieu de la voulte B ✠ C *d* * *a* B, & cette voulte eſt compriſe entre les arcs B ✠ C *a* * *d*, comme ſe verra cy-aprés és planches ſuiuantes.

Dans la ſeconde figure, ſi de la poincte ou point *y*, (extréme de la perpend. *x y*, éleuée ſur le centre *x*, du plan Perſp. A *b c* D) l'on veut commencer à trouuer la hauteur de ce ſolide propoſé, il faut commencer par le poi. ✠, extréme de la lig. ✠ 3, perpendiculairement leuée ſur A D, & ſur icelle mettre la grandeur ✠ &, égale à la ligne ✠ &, du plan Geometral, laquelle ligne ✠ &, eſt leuée perpend. ſur le côté Γ ⊙, du quadrant Γ ⊙ & Δ, ou B, aprés auoir diuiſé ce côté Γ ⊙, en trois parties égales pour leuer la ligne ✠ &, ſur le point ✠, qui eſt entre-deux d'icelles. Ayant donc porté cette ligne ✠ &, en la deuxiéme figure ſur ladite perpend. ✠ 3, du point &, ou 3, au point O, ſoit tirée vne ligne pour couper la perpend. *x y*, au poi. α, qui eſt au centre de la baze 1. 2. 3, du Tetraëdre 1. 2. 3. *y*, duquel la hauteur α *y*, ſoit diuiſée en deux parties égales au point β, pour à l'vne d'icelles faire égale α *x*, (hauteur du petit Tetraëdre 8. 9. 10. *x*) & par ce moyen *x y*, ſera la hauteur du ſolide requis, dont la conſtruction eſt plus facilement connuë par ſpeculation que par diſcours, que ie reſerue pour la treiziéme planche ſuiuante.

Na. qu'en ce diſcours il y a faute de trois trenchés comme il eſt ſur les lignes A D, A D, *de chacune des ſecondes figures de la douze & treiziéme planche.*

Icy la treiziéme planche de la 4. maniere.

LA premiere figure de cette treiziéme planche est le plan Geom. de la 2me. figure, lequel plan estant autrement tourné que celuy de la douziéme precedente planche, fait aussi voir autrement le solide de la deuxiéme figure de cette treiziéme planche. Et pour auoir dans le plan Perspectif A *b c* D, (tant de la premiere que deuxiéme figure) l'image du plan Geom. du solide representé dans la deuxiéme figure, ie commence par le point 5, qui est sur le côté C D, du quarré Geometral: ie voy donc que la lig. 1. 5, est coupée par la lig. E D, au point Z; c'est pourquoy ie prends 5 Z, ou ⊙ Z, & luy fais égale D Λ, & du poi. Λ, ie tire Λ N, qui coupe D O au poi. 5, duquel ie tire vne parall. au côté A D, pour rencontrer le côté A *b*, au poi. 1. Et pour auoir les images des poi. 6. 2, du plan Geom. par ces points ie tire I K, qui coupe les lignes A E, D E, és poi. Ξ Π; & aux parties I Ξ, K Π, de la lig. I K, ie fais égales A Υ, D Ψ, dêquels aux poi. M N, ie tire deux lig. qui coupent les côtez A *b*, D *c*, du plan Persp. és poi. *i k*, & tire la lig. *i k*. Puis aux parties I 6, K 2, de la lig. I K, ie fais égales A T, D Y, & des poi. T, Y, ie tire deux lignes au poi. O, qui coupent *i k*, (image de la lig. I K, du plan Geometral) aux poi. 6, 2, requis. Ie peux encor auoir ces poi. 6. 2, par la pratique de la cinquiéme planche de la troisiéme maniere ou sont ces mots: *l'On peut encor auoir ce point* 1, *&c.* Et pour auoir les images, ou la Perspectiue des points 4. 3, de ces poi. sur la lig. de terre A D, ie tire deux perpend. qui la rencontrent és poi. T, Y, cy-deuant trouuez, & dêquels i'ay tiré deux lig. au poi. O, lêquelles ie coupe és points 4, 3, par vne pratique que i'ay enseignée és manieres precedentes, tirant de l'angle B, du quarré Geom. A B C D, vne lig. par le poi. 4, Geom. iusques à la ligne de terre A D, au point V, duquel à l'angle *b*, du quarré Persp. A *b c* D, ie tire vne lig. qui coupe T O, au poi. 4, requis: & de ce poi. 4, tirant vne parall, à la lig. de terre A D, iusques à la ligne Y O, elle me donnera le poi. 3, pour image, ou Persp. du poi. 3, Geometral. Pour donc construire ce solide, (comme vous le voyez en la seconde figure) aprés en auoir troué la hauteur par le moyen du quadrant Γ Δ ⊙, comme cy-deuant: & pour auoir la baze 1. 2. 3, du Tetraëdre 1. 2. 3. *y*: sur les quatre poi. 1, 2, 3, 9, du plan Persp. & sur iceluy soient leuées

quatre

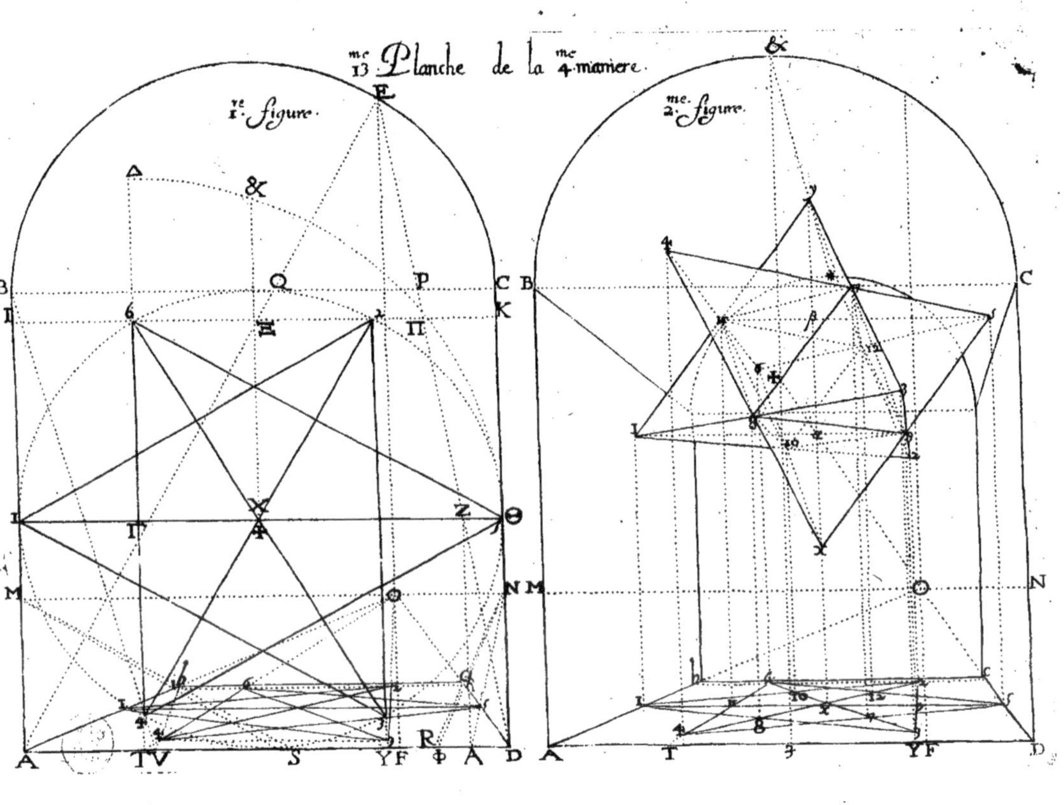
13me Planche de la 4me maniere
1re figure
2me figure

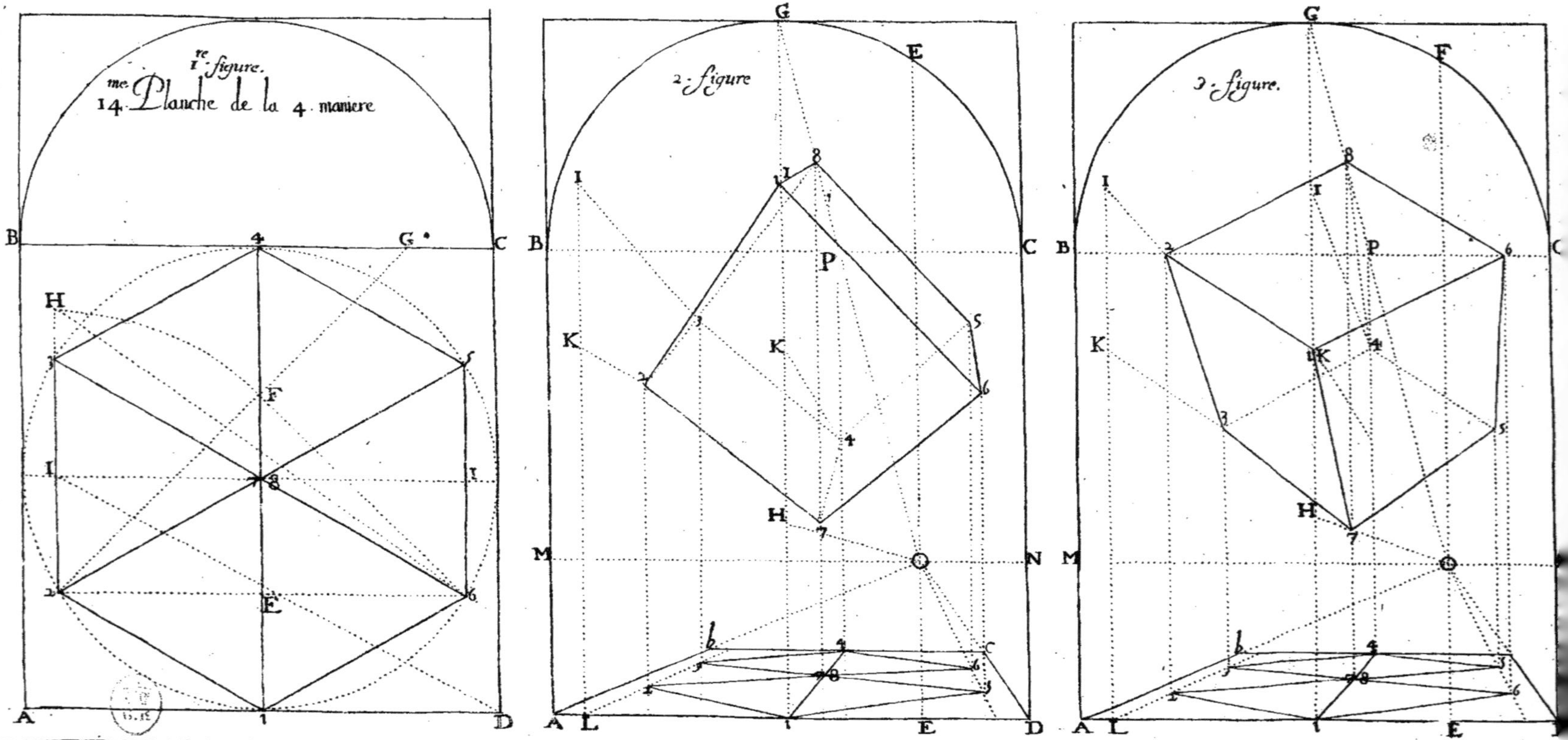

14.me Planche de la 4. maniere

1.re figure.

2. figure

3. figure.

quatre perpend. infinies, dont deux ſeront coupées aux poi. en l'air 1, 9, par la ligne 1. 9, parall. audit plan Perſp. paſſant par le poi. α, (qui eſt ſur la ligne xy, leuée perpend. du centre du plan Perſp.) & les deux autres ſeront terminées aux poi. 2, 3, par vne lig. qu'il faut tirer du poi. de veuë O, par le poi. 9. Puis des poi. 1, 2, 3, ſoient tirées trois lignes au poi. y, pour auoir le Tetraëdre 1. 2. 3. y, dont les ſix querres, ou ſix lig. angulaires ſeront diuiſées Perſp. chacune par la moitié és poi. 7, 8, 9, 10, 11, 12, par autant de perpend. au plan Perſp. leuées ſur iceluy. Par ces ſix poi. doiuent paſſer les querres, ou lignes angulaires de l'autre Tetraëdre duquel la hauteur eſt xβ,: & le poi. β, étant au milieu de ſa face ſuperieure 4. 5. 6, il faut par iceluy tirer la lig. 11. 5, parall. & égale à la ligne 11. 5, du plan Perſpectif. Puis des points 4, 6, de ce plan Perſp. faut leuer deux lignes infinies qui ſeront terminées és poi. 4, 6, par vne ligne tirée du point principal O.

Icy la quatorziéme planche de la 4. maniere.

LA premiere figure de céte quatorziéme planche eſt le plan Geom. des deux figures ſuiuantes, dans lêquelles ſont diuerſement repreſentez deux Cubes attachez par l'vne de leurs pointes au point 8, de la lig. GO, qui paſſe par le milieu de la voulte. Leur hauteur 7. 8, eſt tirée de la lig. GH, égale à l'vne des trois que i'ay trouuées dans le plan Geom. ou premiere figure: & ces trois lignes ſont G2, H6, DI, dont les deux premieres ſe trouuent faiſant EF, égale à E2; & du poi. 2, par F, tirant vne ligne elle rencontrera le côté BC, du quarré Geom. ABCD, au poi. G. Et pour auoir H6, aprés que i'ay fait EF, égale à E2, ie produis le côté 2. 3, de l'exagone 1. 2. 3. 4. 5. 6, iuſques au poi. H, faiſant 2H, égale à 2F, & du poi. 6, ie tire la lig. 6H.

Ce plan Geom. étant reduit en plan Perſp. par les pratiques cy-deſſus ſi ſouuent reïterées; des poi. 1, 2, 3, 4, 5, 6, 7, de châcun de ces deux plans Perſp. ie leue des perpend. infinies, lêquelles, au premier Cube de la ſeconde figure ie termine en céte façon. Pour auoir l'angle 1, ou I, de ce Cube ie diuiſe la lig. GH, en trois parties égales és poi. I, K, au premier dêquels ie note 1, ou I, qui denote le plus prochain angle ſolide; de l'œil du regardant. Et pour auoir l'angle qui en eſt plus éloigné (ſçauoir l'angle 4,) & qui eſt diametralement oppoſé à l'angle 1; du poi. K, au poi. O, ie tire vne ligne qui coupe la perpendiculaire 4P, (éleuée ſur le plan Perſpectif) audit point 4.

Et pour auoir les angles 2, 3, 5, 6, ie produis le côté 3. 2, de lexagone Perſp. iuſques à la lig. de terre A D, au poi. L, duquel à icelle A D, ie leue la perpend. L I, égale à la lig. 1 I, de laquelle ie prens la meſure I K, & la porte ſur la lig. L I, & des poi. I, K, de cette lig. L I, ie tire deux lig. vers le point O, qui rencontrent aux points 2, 3, les perpend. leuées des poi. 2, 3, du plan Perſp. & aux perpendiculaires 2. 2, 3. 3, ie fais égales les perpendiculaires 5. 5, 6. 6, &c. Cette ſeconde figure bien entendüe donnera l'intelligence de la troiſiéme ſuiuante.

Icy la quinziéme planche de la 4. maniere.

A Cette quinziéme planche ie n'ay point fait de plan Geom. pource qu'on a facilement ſans iceluy ces deux plans Perſp. ſur lêquels ſont leuez deux Octoëdres (cét à dire corps reguliers de Geometrie compoſez chacun de huit triangles equilateraux, ou faces triangulaires equilaterales :) & ces Octoëdres ſont leuez perpend. ſur l'vne de leurs pointes, ou angles, dont leur diagonale, ou longueur d'vn angle directement oppoſé à l'autre, eſt égale au côté A D, ſçauoir P Q, ſur la ligne G*P, perpendiculairement leuée ſur A D.

Ie ne dy rien de la conſtruction, pource que les lettres, & chifres de ces ſolides étant ſemblables à celles de leurs plans Perſp. inſtruiſent aſſez. Les quatre faces qui ſe peuuent voir de châcun de ces corps, ſont G*hl*, G*kl*, G*hm*, G*km*. Les quatre autres qui ne ſe peuuent voir, & qui ſont oppoſées aux ſuſdits ſont *ihl*, *ilk*, *ikm*, *imh*. Les quatre faces ſuperieures qui ſe ioignent au poi. *m*, ſont *m*G*h*, *mhi*, *mik*, *mk*G. Les quatre inferieures qui ſe ioignent au poi. *l*, ſont *l*G*h*, *lhi*, *lik*, *lk*G. Cette premiere figure bien entendüe donnera l'intelligence de la deuxiéme, dans laquelle eſt vn Cube, dont les huit angles touchent les cẽtres des huit faces de cét Octoëdre és poi. 5, 5, 6, 6, 7, 7, 8, 8. Et pour auoir tous ces poi. ſuperieurs, & inferieurs, centres des huit faces ce ſera comme s'enſuit; aprés que i'ay tiré dans le plan Perſp. de la ſeconde figure les diagonales A *c*, D *b*, qui coupent les quatre lignes G *h*, *hi*, *ik*, *k* G, és poi. 1, 2, 3, 4, par iceux des poi. R, S, qui ſont au milieu des lig. A G, D G, i'ay tiré les lig. R O, S O, (ſuffit de tirer 1. 2; 4. 3) qui coupent la ligne *h k*, és points *m*, *n*, aûquels des poi. G, *i*, i'ay tiré quatre lig. qui coupent les

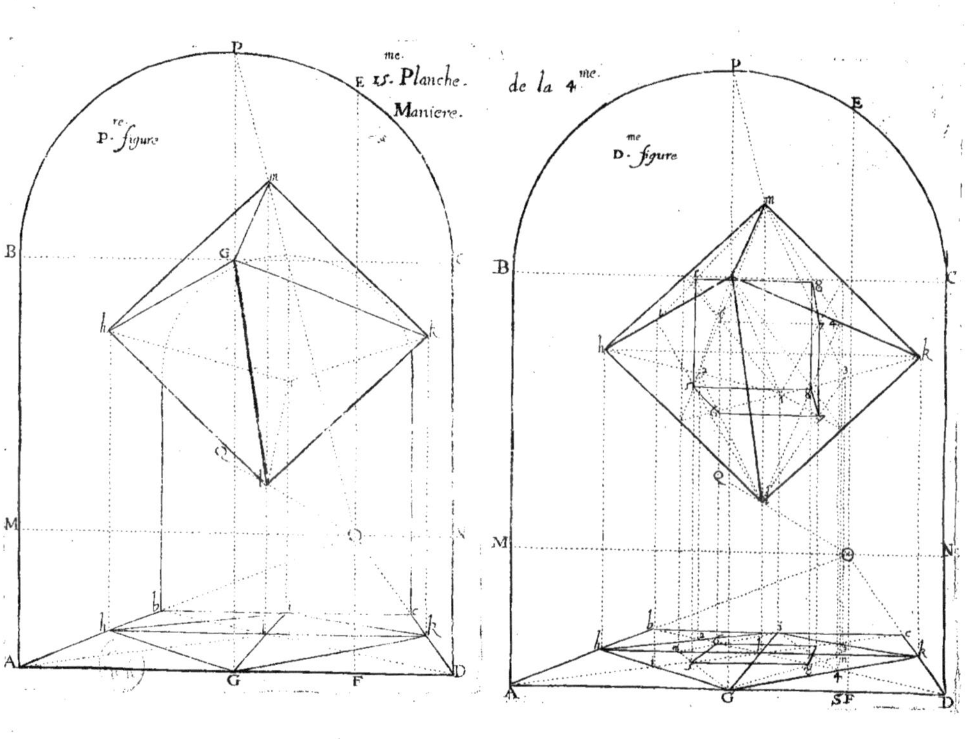
15.me Planche de la 4.me Maniere.
P.re figure
D.me figure

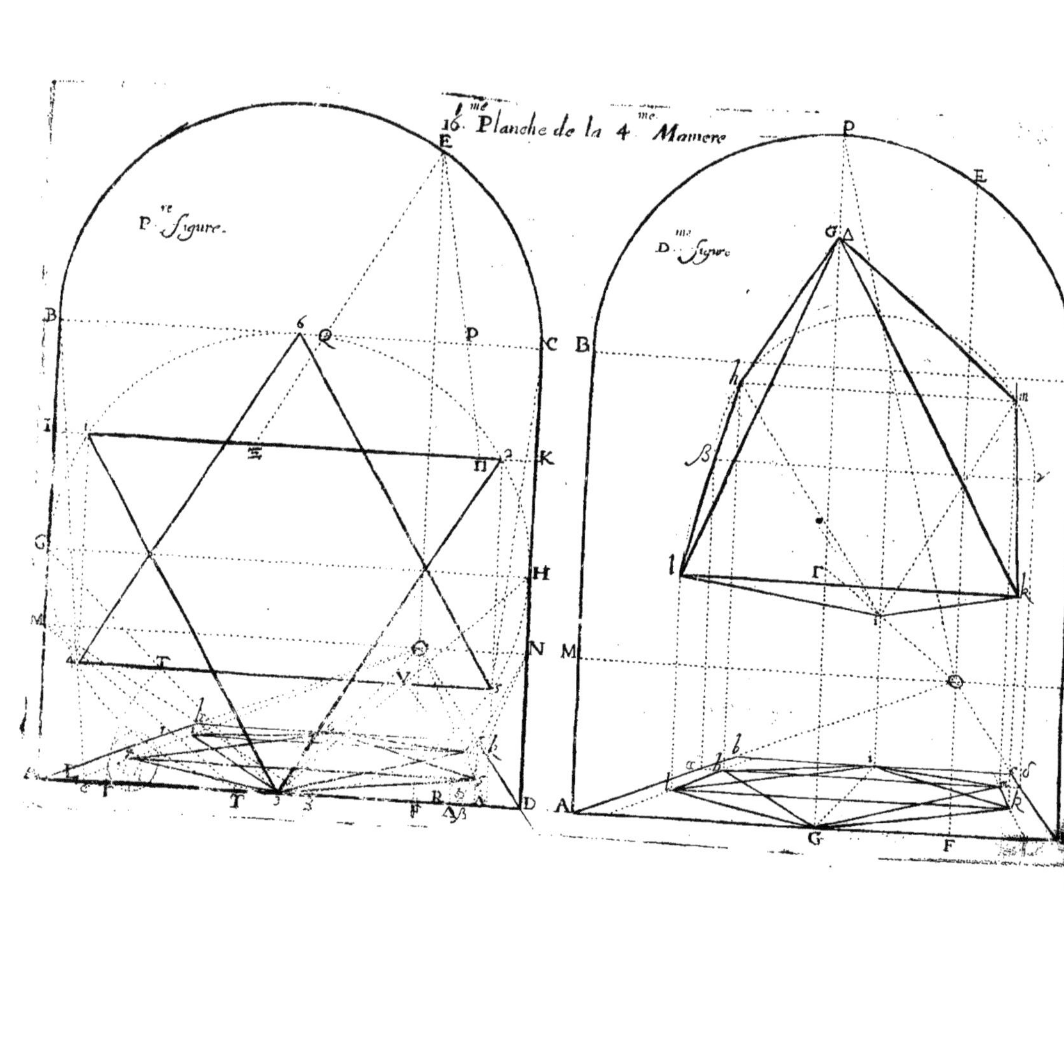
16.me Planche de la 4.me Maniere
P.re figure
D.me figure

diagonales A c D b és poi. 5, 6, 7, 8, pour auoir le quarré 5. 6. 7. 8, duquel ce Cube tire son origine; ce que denotent les quatre perpendiculaires, qui marquent les huit centres des huit faces triangulaires equiangulaires de l'Octoëdre, comme a esté dit cy-deuant. Mais pour les autres ie leue sur les poi. 1, 2, 3, 4, du plan Persp. autant de perpendiculaires qui coupent les lig. G h, h i, i k, k G, és poi. 1, 2, 3, 4, dêquels aux poi. l, m, ie tire huit lignes, qui sont coupées, sçauoir i l, i m, és poi. 5, 5: 2 l, 2 m, és poi. 6, 6: 3 l, 3 m, és poi. 7, 7: 4 l, 4 m, és poi. 8, 8, par les susdites perpend. leuées des angles 5, 6, 7, 8, du quarré Persp. 5. 6. 7. 8.

Explication de la seiziéme planche de la 4. maniere.

LA premiere figure de cette seiziéme planche, est le plan Geom. & Perspectif de la seconde figure, en laquelle l'Octoëdre est representé ayant deux de ses faces parall. à l'horizon. Ie ne dy rien icy de la construction du plan Persp. de la premiere figure, veu qu'elle a esté suffisamment declarée par le discours fait sur les planches douze & treize de cette quatriéme maniere, lequel discours bien entendu donnera clairement l'intelligence de céte planche. En la seconde figure vous voyez vn Octoëdre dont les angles h, m, du triangle G h m, touchent l'arc β h m γ, dont sa corde β γ, est le côté du quarré α β γ δ, leué perpendiculairement sur le plan Perspectif ayant en iceluy prolongé de part & d'autre iusques aux points α, δ, le côté h m, du triangle G h m. La hauteur de ce solide est Γ Δ, tirée du plan Geometral de la premiere figure ou est Γ Δ, sur la ligne de terre A D. Pour auoir céte grandeur Γ Δ, ie diuise les côtez A B, D C, du quarré A B C D, par la moitié és points G H, dêquels au point 3, ie tire deux lignes, qui coupent le côté 4. 5, du triangle 4. 5. 6, és points T, V. De ces points & du point 3, pour centre ie trace les arcs T Γ, V Δ, pour auoir Γ Δ, hauteur requise de l'Octoëdre; les angles duquel étant marquez des mesmes caracteres de son plan Perspectif & les perpendiculaires leuées sur iceluy donnent assez à connoître leur origine; & partant la construction de ce corps en est plus facile.

Icy les dix-sept, dix-huit, & dix-neufiéme planche de la 4. maniere.

LA dix-ſeptiéme planche eſt vn plan Geom. pour repreſenter le Dodecaëdre, duquel deux faces oppoſées ſoient horizontales, ou paralleles à l'horizon ; c'eſt à dire que s'il êtoit ſur ſon plan Perſpectif il y repoſeroit ſur l'vne de ſes faces : ce qu'au plan Perſpectif de la dix-huitiéme planche denotent les perpendiculaires *aa*, *bb*, *cc*, *dd*, *ee*. Et au plan Perſpectif de la dix-neufiéme les perpendiculaires 1. 1, 2. 2, 3. 3, 4. 4, 5. 5. Si l'on veut commencer par la plus grande peripherie pour conſtruire ce plan Geometral, il la faut diuiſer en dix parties égales, & de point en point tirer des lignes, & auſſi la ligne *g* 10, diametrale du quarré ABCD, perpendiculaire à ſon côté AD : laquelle perpendiculaire *g* 10, il faut diuiſer par les lignes 7.8, *ki*, paralleles à l'horizon és points *m*, *n*, & prendre les grandeurs *mg*, *n* 10, & leur faire égales *md*, *ni* ; & par les points 1, *d*, du centre *o*, faire le petit cercle, qu'il faut (ainſi que le grand) diuiſer en dix parties égales pour y faire les deux pentagones 1. 2. 3. 4. 5 ; *abcde* : dêquels les dix côtez *ab*, *bc*, &c. 1. 2, 2. 3, &c. ſont communs aux pentagones *a b i* 10 *k*, *b c h* 9 *i*, &c. 1. 2. 9. *i* 10 ; 2. 3. 8. *h* 9, &c. Et ſi l'on veût commencer ce plan Geometral par la petite peripherie, ou circonference de cercle, dans laquelle ſeroit l'vne des faces du Dodecaëdre à conſtruire, comme eſt le Pentagone *abcde*, il faut diuiſer l'vn de ſes côtez par la moitié, ſçauoir *ab*, au point *p*, auquel du centre *o*, ſoit tirée *op*, pour luy faire égale *p* 10, & le reſte comme cy-deſſus.

Or pour auoir le côté *ab*, du pentagone *abcde* ; ayant diuiſé la grande peripherie en dix parties égales, des point *f*, *h*, au poi. 10, faut tirer deux lignes auſquelles par le point *p*, qui eſt au milieu de la ligne *o* 10, ſoit tirée *ab*, parallele à la ligne de terre AD. L'on aura encor facilement la petite peripherie tirant la ligne *k* 7, & des point *f*, 6, tirant deux lignes au centre *o*, elles couperont cette ligne *k*7, és points *e*, 5, par lêquels paſſe la petite peripherie requiſe. Ou poſant l'vne des pointes du compas au point 10, pour centre, interual 10 *f*, pour tracer l'arc *fd* : Ou faiſant *do*, égale à $\frac{1}{10}$ du grand cercle. En aprés pour auoir la diametrale, hauteur, ou largeur du Dodecaëdre, c'eſt à dire la diſtance du centre d'vne de ſes faces au centre de ſon oppoſée diametralement (laquelle hauteur auec ſes trois meſures ſert

17.me Planche de la 4.me Maniere.

Ortographie, ou plan Geometral tant pour la 18.me que pour la 19.me planche de la 4.me Maniere.

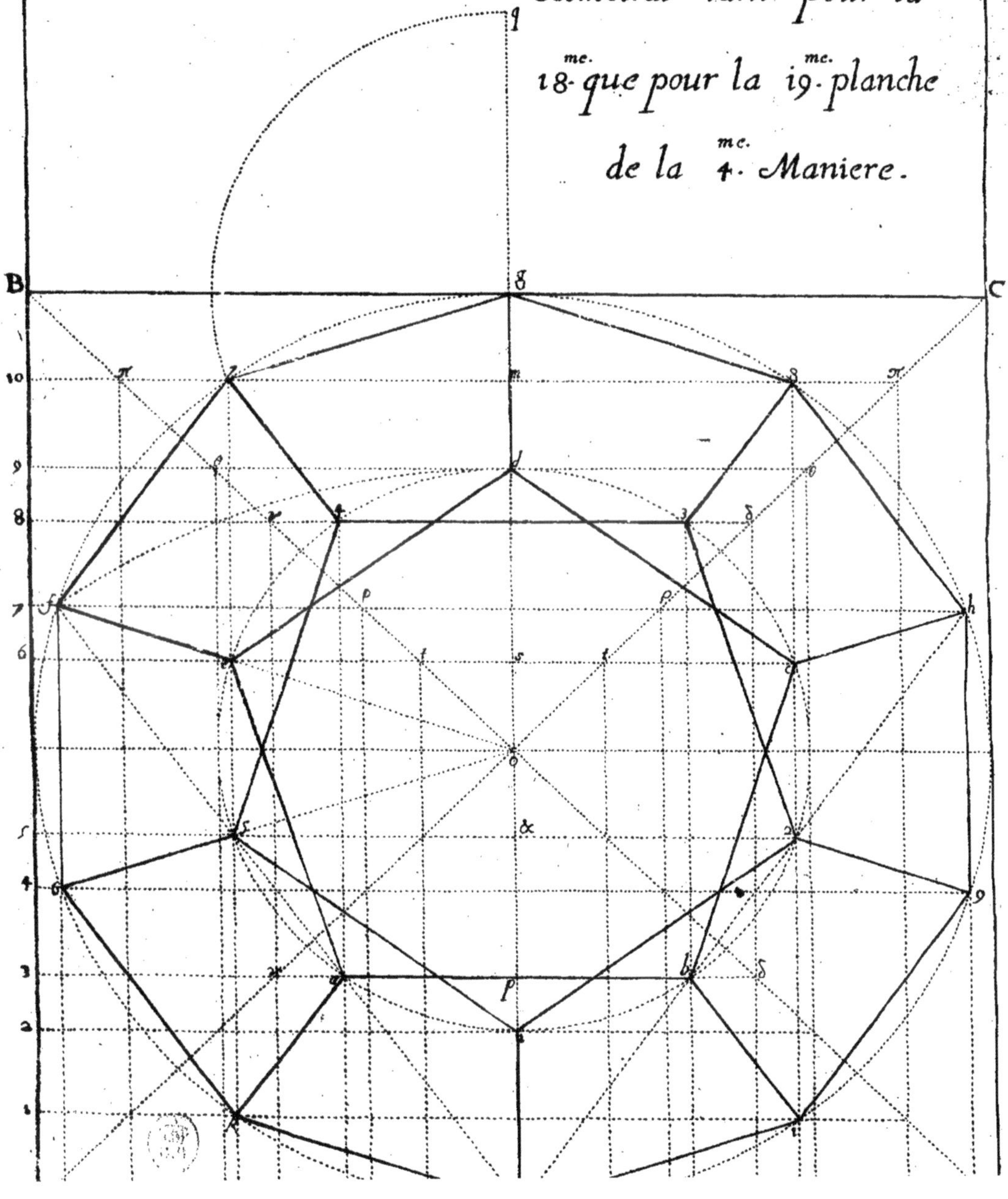

18me Planche de la 4me Maniere.

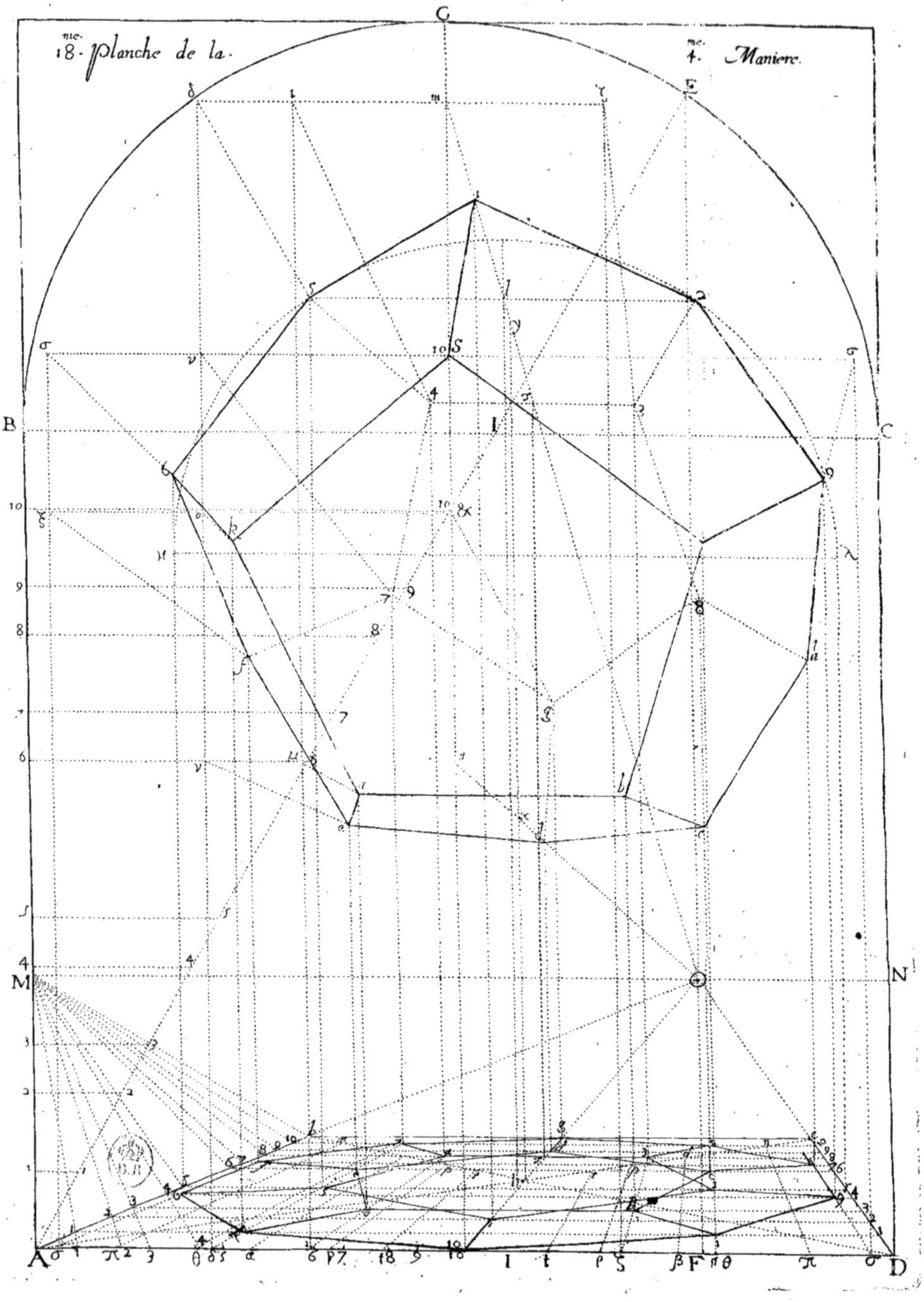

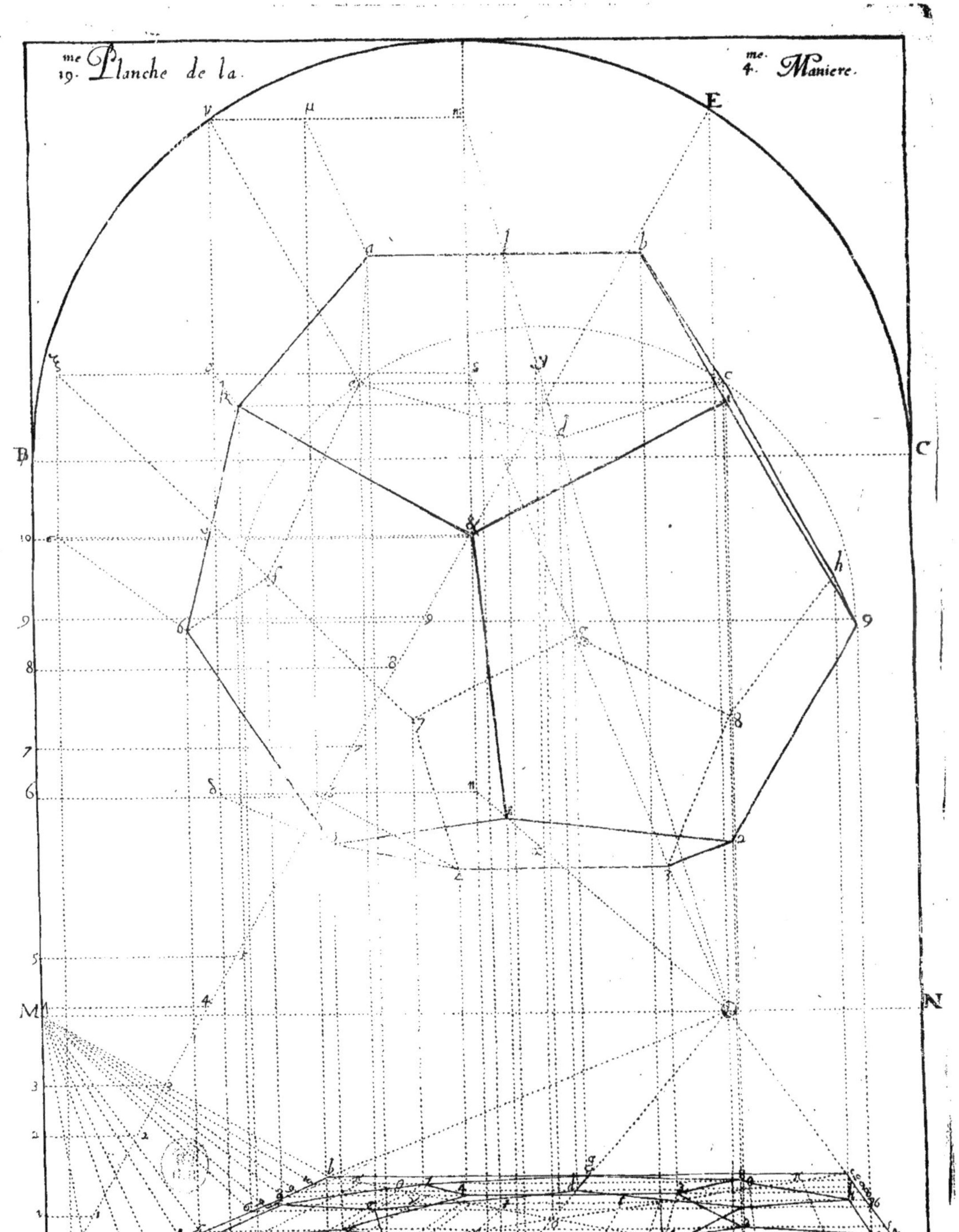
19me Planche de la
4me Maniere.
E
B
C
M
N

d'échelle altimetre pour trouuer les hauteurs de châcun angle ſolide ſur le plan horizontal, ſur lequel repoſeroit le Dodecaëdre) ie la trouue, diſ-ie, par trois moiens, ſçauoir par trois diuerſes lignes, & chacune d'icelles diuiſée comme il eſt requis pour trouuer leſdites hauteurs des angles du Dodecaëdre ſur le plan. Par le premier moyen ie tire *f* 10, ou *h* 10, qui coupans la petite peripherie ſe trouuent diuiſées, l'vne aux poi. *a*, 5; & l'autre aux poi. *b*, 2, ſelon le requis. Par le ſecond moyen en tirant les lig. 7. 8, *k i*, elles couperont la lig. *g* 10, és poi. *m*, *n*, dont *mn*, ſera la vraye hauteur : pour laquelle diuiſer en parties requiſes, il ne faut que tirer des points *c*, 2, les lignes *c e*, 2. 5, qui coupans la diametrale *g* 10, és points *s*, &, donneront les parties requiſes *m s*, *s* &, & *n*. Par le troiſiéme moyen faut produire le demy diametre *o g*, iuſques au poi. *q*, en ſorte que *g q*, ſoit égale à *g* 7, & par ce moyen l'on aura les parties requiſes *d o*, *g q*, ſur la ligne *o q*, diametrale du Dodecaëdre à conſtruire. Et pour le reduire en plan Perſpectif ie le fais par deux diuers moyens; par le premier, & ſelon cette quatriéme maniere ie fais comme s'enſuit : Aprés auoir tiré de tous les points de la dix-ſeptiéme planche des perpend. ſur A D, & ſur A B, comme pour exemple, du point *a*, les lignes *a* 1, *a* 3, perpend. à A D, & à A B, ie porte les dix points du côté A B, de cette dix-ſeptiéme planche ſur les côtez A B, A B, de la dix-huitiéme, & dix-neufiéme planche, & d'iceux ſur A E, ie tire dix lignes paralleles au côté B C, qui, pour exemple, eſt coupé au point I, par la ligne A E, i'en prens la grandeur B I, que ie porte ſur la ligne de terre A D, & ſi du point I, ſur A D, ie tire I M, elle coupera la ligne A O, au point *b*, & ainſi ie fais de chacune des dix lig. paralleles au côté B C, pour auoir ſur A *b*, les images des points dudit côté A B, pour d'icelles images, ou point tirer au trauers du plan Perſp. autant de paralleles à l'horizon, qui doiuent eſtre coupées par les lignes tirées des poi. de la ligne de terre A D, vers le poi. O. Par l'autre moyen, de chacun des angles de la figure qui eſt dans le quarré A B C D, de la dix-ſeptiéme planche ie tire deux lig. l'vne perpend. ſur A D, & l'autre qui luy eſt parallele iuſques aux diagonales A C, B D, & des points ou elles les rencontrent ie tire des perpend. à A D. Comme pour exemple, du point ou angle *a*, ie tire deux lignes ſçauoir *a* 1, perpend. à A D; &

a γ, parallele à A D, & qui coupe la diagonale A C, au point γ, duquel ie tire γ α, perpend. à A D; & ainsi des autres. Ce fait, ayant sur la ligne de terre A D, du plan Geometral, ou tableau, tous les points de la figure comme i'ay eu α ι, i'y peux auoir mon plan Persp. effaçant toutes les perpend. sur A D, & toutes celles qui luy sont parall. mesmes plusieurs de celles de la figure y retenant seulement quelques lettres pour me ressouuenir des poi. ou angles que ie veux reduire en Perspectiue.

Mais pour instruire ie fais deux plans separez, & auec le compas ie porte toutes les diuisions de la lig. A D, sur les lig. A D, A D, des deux planches suiuantes, & des poi. de ces diuisions, ie tire autant de lignes vers le poi. de veüe, ou poi. principal O; les vnes qui ne passent point les parall. à A D, qui leur sont necessaires; comme pour exemple, les lignes tirées des points δ, η, (qui sont sur la ligne de terre A D,) vers le point de veüe O, ne passent point la lig. 10 10, parall. à A D, ou *b c*, sur laquelle elles marquent les poi. 7, 8, dêquels les angles solides 7, 8, de chacun des deux solides tirent leur origine : Et les autres ne passent point les demies diagonales *b o*, *c o* : comme pour exemple, si des poi. *t*, *t*, (qui sont sur A D) ie tire deux lignes vers le point de veüe O, ie les termine sur les demies diagonales *b o*, *c o*, és poi. *t*, *t*, pour d'iceux tirer à droit & à gauche les lignes *t c*, *t e*, parall. à *b c*. Et pour sçauoir comment elles sont terminées és poi. *c*, *e* : aprés auoir porté les grandeurs A δ, D η, de la dix-septiéme planche és deux prochaines suiuantes, des poi. δ, η, ie tire deux lignes vers le point de veüe O, qui sont coupées és poi. *e*, *c*, par lesdits parall. au côté *b c*, tirées des points *t*, *t*. Et pour auoir les points ou angles solides *a*, *b*, du Pentagone Perspectif *a b c d e*, des poi. α, β, ie tire deux lignes vers le point de veüe O; & ou elles coupent les demies diagonales A *o*, D *o*, sçauoir est és points γ, δ, de ces points i'en fais la ligne γ δ : Et des poi. ι, ζ, ie tire deux lignes vers le point de veüe O, qui coupent γ δ, és poi. *a*, *b*, selõ le requis. Par ce moyen i'ay desia le côté *a b*, dudit Pentagone *a b c d e* : & des poi. *a*, *b*, aux poi. *e*, *c*, tirant deux lignes i'auray trois côtez : Et pour auoir les deux restans *e d*, *c d*, (sçauoir le poi. *d*) des poi. 10, θ, ie tire deux lignes vers le poi. O, dont l'vne se termine sur le demy diametre *c o*, au point θ, duquel au côté *b c*, du quarré Perspectif, ie tire vne parallele, qui coupe 10 O, ou ſeulement 10. g, au point d, ſelon le requis. Procedant de céte ſorte, on aura ces deux plans Perſpectifs, pour leuer ſur iceux toutes ces perpend. qui ſeruent pour auoir tous les angles des deux ſolides Dodecaëdres, chacun éleué iuſques à ſa voulte, dont l'vn ne touche la ſienne que des angles 5, 2; & l'autre des angles e, c; dêquels ie trouue les attouchemens comme s'enſuit.

En la dix-huitiéme plāche la face 1. 2. 3. 4. 5, touche ſa voulte: Et en la dix-neufiéme planche la face abcde, touche la ſienne, ce que la premiere ne peut que des angles 5, 2; & la 2me. des angles e, c: car ſi du ſolide de la dix-huitiéme planche les angles 4, 3, ou 1, de la face 1. 2. 3. 4. 5, la plus éloignée du plan Perſp. & du ſolide de la dix-neufiéme, les angles a, b, ou d, de la face abcde, auſſi la plus éloignée du plan Perſp. touchoient chacune ſa voulte, ces faces, & leurs oppoſées diametralement; ſçauoir abcde, oppoſée à la face ſuperieure 1. 2. 3. 4. 5, du ſolide de la dix-huitiéme planche: Et la face 1. 2. 3. 4. 5, oppoſée à la face ſuperieure abcde, du ſolide de la dix-neufiéme planche ne ſeroient plus paralleles à leurs plans Perſpectif, & partant chacun de ces ſolides ſeroit d'vne autre veüe, & faudroit que chacun d'eux eût vn autre plan Geometral & Perſpectif.

Si ie veux donc trouuer ces atouchemens, & premierement ceux de la dix-huitiéme planche: Par les poi. 5, 2, de ſon plan Perſpectif ie tire la ligne 5. 5, parall. & Perſpectiuement égale à A D, pour eſtre le côté du quarré 5 κ λ 5, éleué perpend. ſur le plan Perſp. & ſur le côté κ λ, vn demycercle, ou ſelon quelques Geometres demieperipherie de cercle, à laquelle des poi. 5, 2, du plan Perſpectif, & à iceluy ie leue deux perpend. qui rencontrent la demie peripherie és poi. 5, 2, ſelon le requis. Secondement pour trouuer ceux de la dix-neufiéme planche, par les poi. e, c, de ſon plan Perſp. ie tire la ligne 6. 6, pour eſtre le côté du quarré 6 κ λ 6, perpendiculaire au plan Perſpectif, & ſur le côté κ λ, vne demie peripherie, à laquelle des poi. e, c, du plan Perſpectif, & à iceluy, ie leue deux perpendiculaires, qui rencontrent icelle demie peripherie és poi. e, c, ſelon le requis.

Puiſque i'ay eu l'intention de faire voir ces deux Dodecaëdres éleuez, châcun iuſques à ſa voulte; ces poi. 5, 2, du ſolide la dix-huitiéme planches & les poi. e, c, de celuy de la dix-neufiéme m'ont ſeruy, tant pour trouuer le diametre Perſpectif x y, de chacun de ces ſolides (dêquels, comme i'ay cy-deuant declaré, les faces oppoſées ſont *a b c d e* : 1. 2. 3. 4. 5 : & leurs centres ſont *x*, *y*) que pour auoir le poi. *m*, ſur la ligne G 10, tirant vne ligne du poi. 5, au poi. 2, du ſolide de la dix-huitiéme planche, & vne autre du poi. *e*, au poi. *c*, du ſolide de la dix-neufiéme ; la premiere dêquelles (ſçauoir 5. 2, du ſolide de la dix-huitiéme planche) ie diuiſe par la moitié au poi. *l*, & la deuxiéme, ſçauoir *e c*, (du ſolide de la dix-neufiéme planche) par la moitié au poi. *p*, par chacun dêquels poi. *l*, & *p*, du poi. de veüe O, ie tire O *m*, pour auoir ſur la ligne G 10, le poi. ſuperieur *m*, de la grandeur *m n*, égale à la ligne *m n*, du plan Geometral, & ainſi diuiſée és poi. *s*, &; par le moyen dêquels poi. *s*, &, i'ay les dix angles ſolides 10, *i*, 9, *h*, 8, *g*, 7, *f*, 6, *k*, ſelon leur naturelle éleuation ſur le plan, ſur lequel repoſeroient les faces inferieures de ces deux ſolides, ou Dodecaëdres, ſçauoir la face inferieure *a b c d e*, du ſolide de la dix-huitiéme planche, & la face 1. 2. 3. 4. 5, de celuy de la dix-neufiéme. Pour faire donc qu'au ſolide de la dix-huitiéme planche la face 1. 2. 3. 4. 5, ſoit ſuperieure; aprés auoir trouué comme cy-deſſus dans le plan Perſpectif les poi. 5, 2 ; & ſur la plus grande perpendiculaire G 10, le poi. *m*, proche de G, & tiré la ligne *m* O ; à cette ligne ie leue perpend. au plan Perſp. du poi. 1, d'iceluy, la ligne 1. 1, & le poi. 1, ſur *m* O, eſt vn angle ſolide. Ayant trouué le point *m*, i'ay les point 5, 2, autrement comme s'enſuit : Sur le poi. *δ*, qui eſt ſur la ligne de terre A D, & à icelle ie leue la perpendiculaire *δ δ*, égale à *m* 10, & du point *δ*, ſuperieur ie tire vne ligne vers le point de veüe O (non pourtant toute entiere, pour éuiter confuſion de lignes, mais autant que ie peux iuger à peu prés qu'elle ſoit ſuffiſante.) Puis ſur le point 5, qui eſt ſur la ligne *δ* O, du plan Perſpectif, & à iceluy plan ie leue iuſques à *δ* O, ſuperieure la perpendiculaire 5. 5, & du point 5, ſuperieur ie tire vers ma main droite 5. 2, parall. & égale à la ligne 5. 2, du plan Perſpectif.

Et pour auoir les poi. ou angles ſolides 3, 4 ; des poi. *ζ*, *ι*, qui ſont ſur A D, ie leue perpendiculairement *ζ ζ*, *ι ι*, chacune égale à 10. *m*, & des poi. *ζ*, *ι*, ainſi éleuez ie tire deux lignes vers le point O, lêquelles ſont rencontrées és poi. 3, 4, par deux perpend. au plan Perſp. leuées des poi. 3, 4, d'iceluy plan. L'vne de ces deux operations ſuffiroit ; car ſi du point 3, qui eſt dans le plan

Perspectif, & à iceluy ie leue vne ligne perpend. qui rencontre cette ligne ζ O, au point 3, & que ie tire 3. 4, égale, & parallele à la ligne 3. 4, du plan Perspectif, cette ligne 3. 4, derniere tirée sera la ligne requise pour cinq côté de la face 1. 2. 3. 4. 5.

Et ainsi de tous les autres angles solides fors des angles 1, 10, *g*, *d*; comme pour exemple, en la dix-huitiéme planche pour auoir les angles solides 6, 9, c'est par le moyen des points σ, σ, superieurs des perpend. σ σ, σ σ, parallele & proches voisins des côtez A B, D C: les poi. *k*, *i*, par le moien du poi. *o*, qui est sur la perpend. δ δ, &c. Ie peux encor auoir ce côté, côte, ou arrête 3. 4, diuisant la ligne 3. 4, du plan Perspectif par le milieu au poi. τ, & d'iceluy leuant vne perpendiculaire au plan Perspectif iusques à *m* O, au point τ, par lequel ie tire 3. 4, parallele, & égale à la ligne 4 3, du plan Perspectif, & céte parallele 3. 4, est le côté commun aux deux faces 3. 4. 5. 1. 2: 3. 4. 7. *g* 8, qui ne peuuent être veües, si ce n'est que le Dodecaëdre soit transparant. Par céte pratique i'ay eu au solide de la dix-neufiéme planche le côté *a b*, commun, tant à la face *a b c d e*, qui ne peut estre veu, qu'à la face *a b i* 10. *k*, qui est veüe. I'ay donc diuisé par la moitié la ligne *a b*, du plan Persp. au poi. *l*, & d'iceluy i'ay leué vne perpendiculaire audit plan iusques à *m* O, au point *l*, par lequel i'ay tiré *a b*, parallele, & égale à ladite ligne *a b*, dudit plan Perspectif.

Par ce que dessus l'on connoist euidemment qu'au solide de la dix-huitiéme planche, les angles marquez de chifres, tirent tous leur origine des points *m*, *s*, de la ligne G 10, & les angles marquez de lettres, des poi. *n*, &, ou 10. Et tout au contraire au solide de la dix-neufiéme planche.

Icy les vingt, vingt-vn, & vingt-deuxiéme planche de la 4. maniere.

LA vingtiéme planche eſt le plan Geometral du Dodecaëdre leué perpendiculairement ſur l'vn de ſes angles. Pour en faire le plan Geom. ie fais le côté du quarré A B C D, égal à la hauteur diagonale donnée du Dodecaëdre à reduire en Perſp. leué, comme i'ay dit ſur l'vn de ſes angles. Dans ce quarré ie tire les diagonales A C, B D, pour en auoir le centre *α*, ou *α*, duquel, & de l'interual *α* E 2, ou *α* E 2, ie fais vne peripherie de cercle, que ie diuiſe en ſix parties égales és points E 2, F 2, G, H, I, K, pour tirer les trois diametrales E 2 H, F 2 I, G K, par le moyen dêquelles i'ay les côtez *cd*, *fg*, *ik*, des trois pentagones *abcde*, *aefgh*, *ahikb*; & les côtez *γδ*, *ζη*, *ικ*, des trois autres pentagones *αβγδε*, *αεζηθ*, *αθικβ*, comme s'enſuit. Ayant tiré la diagonale A C, qui coupe la peripherie au point L, ie diuiſe A L, en quatre parties égales, puis de linterual d'vne d'icelles, & du centre *α*, ie décris céte petite peripherie marquée de 5 *, qui étant également diſtantes les vnes des autres, & iointes de cinq lignes me donnent l'vne des douze faces du Dodecaëdre à repreſenter en Perſpectiue. Ce fait, pour auoir les côtez oppoſez *cd*, *ζη*, ie porte ſur le milieu des côtez A D, B C, du quarré A B C D, deux des cinq lignes du pentagone étoilé des extremitez dêquelles, marquées d'étoiles, ie tire des lignes paralleles au côtez A B, D C, qui coupent la grande peripherie és poi. *d*, *c*, *ζ*, *η*. Puis auec le compas ie prends l'arc E 2 *c*, pour le porter de part, & d'autre de chacun des poi. F 2, G, L, K, pour auoir les lignes *γδ*, *fg*, *ik*, *ικ*. En aprés pour auoir les ſix poi. *β*, *e*, *ε*, *h*, *θ*, *b*; du point E 2, au point *f*, ou du point G, au point *d*, ie tire vne ligne, qui coupe la diametrale F 2 *I*, au poi. *e*, par lequel, & du centre *α*, ie décris vne peripherie, par le moyen de laquelle i'ay les cinq poi. reſtans *β*, *b*, *θ*, *h*, *ε*, pour auoir les lignes *βγ*, *βκ*; *bc*, *bk*, &c. L'on peut encor auoir les ſuſdits ſix poi. *β*, *e*, *ε*, *h*, *θ*, *b*, comme s'enſuit: Soit diuiſée la ligne A L, comme cy-deſſus en quatre parties égales, & du point ✠ (qui eſt ſur la demie diagonale A *α*) ſoit tirée vne ligne parallele au côté A B, iuſques au côté B C, au point ✠, & ou elle coupera les lignes F 2 *α*, G *α*, és points *e*, *ε*, par ces points du centre *α*, ſoit décrite vne peripherie de cercle pour auoir les quatre autres ſur les lignes H *α*, I *α*, K *α*, E 2 *α*. Et pour accomplir ce Dodecaëdre, il faut auec ſix lignes ioindre

20.me Planche de la 4.me Manière.

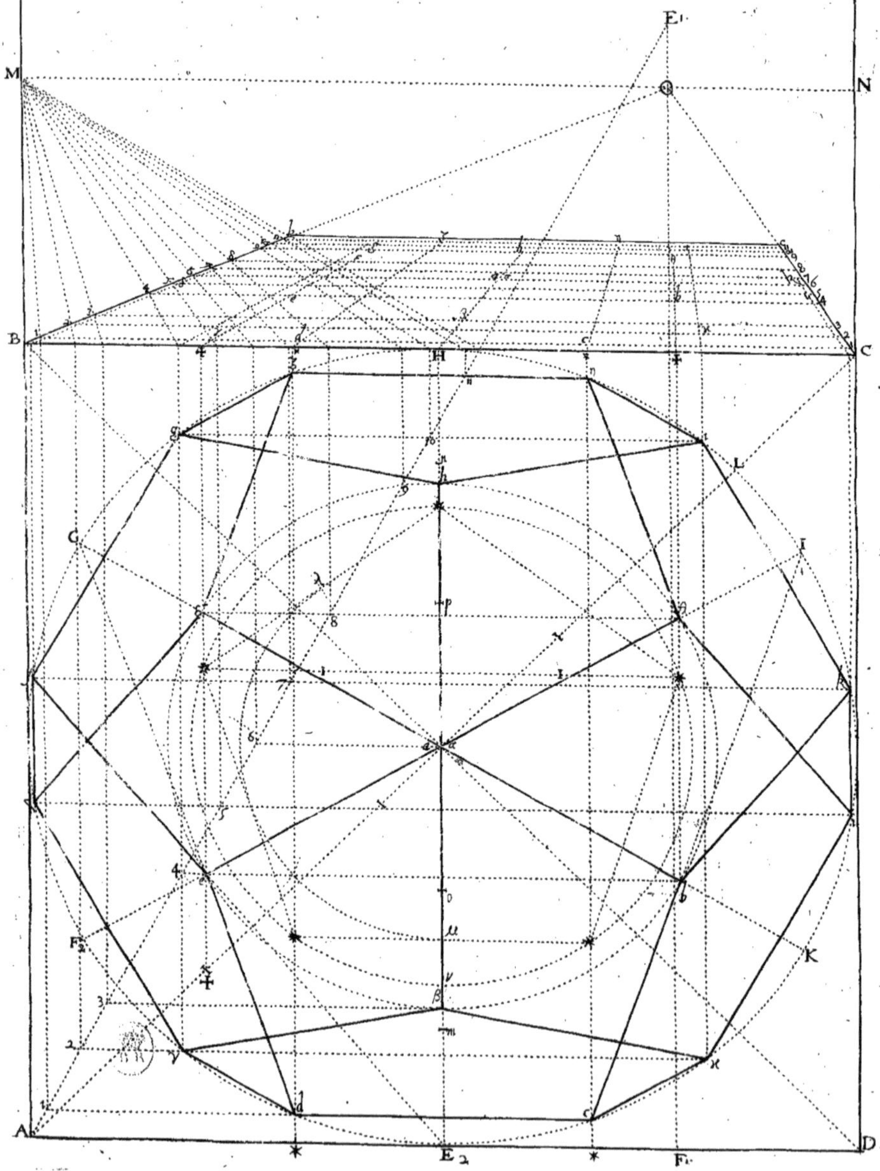

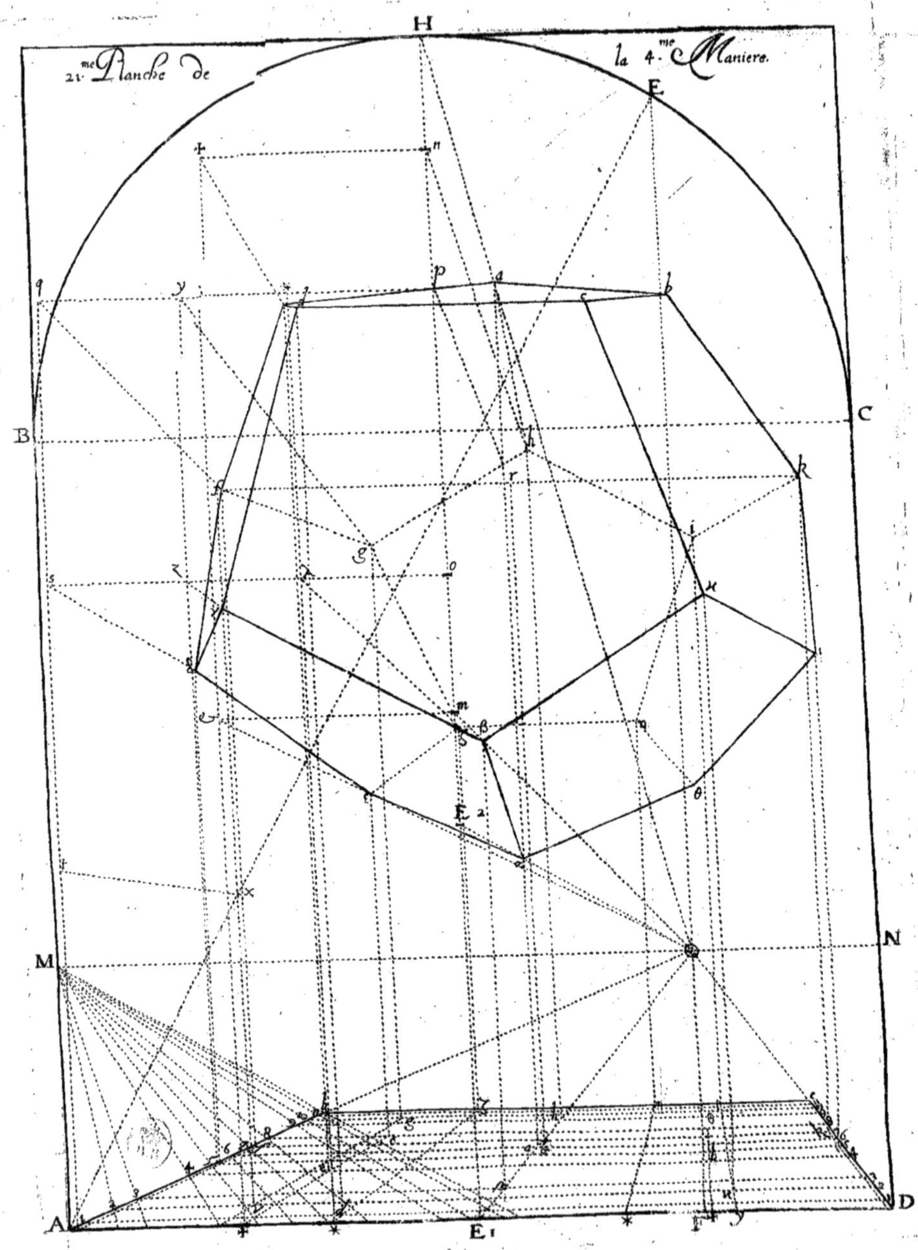
21me Planche de la 4me Maniere.
H
E
B
C
M
N
A
D
E 1
E 2

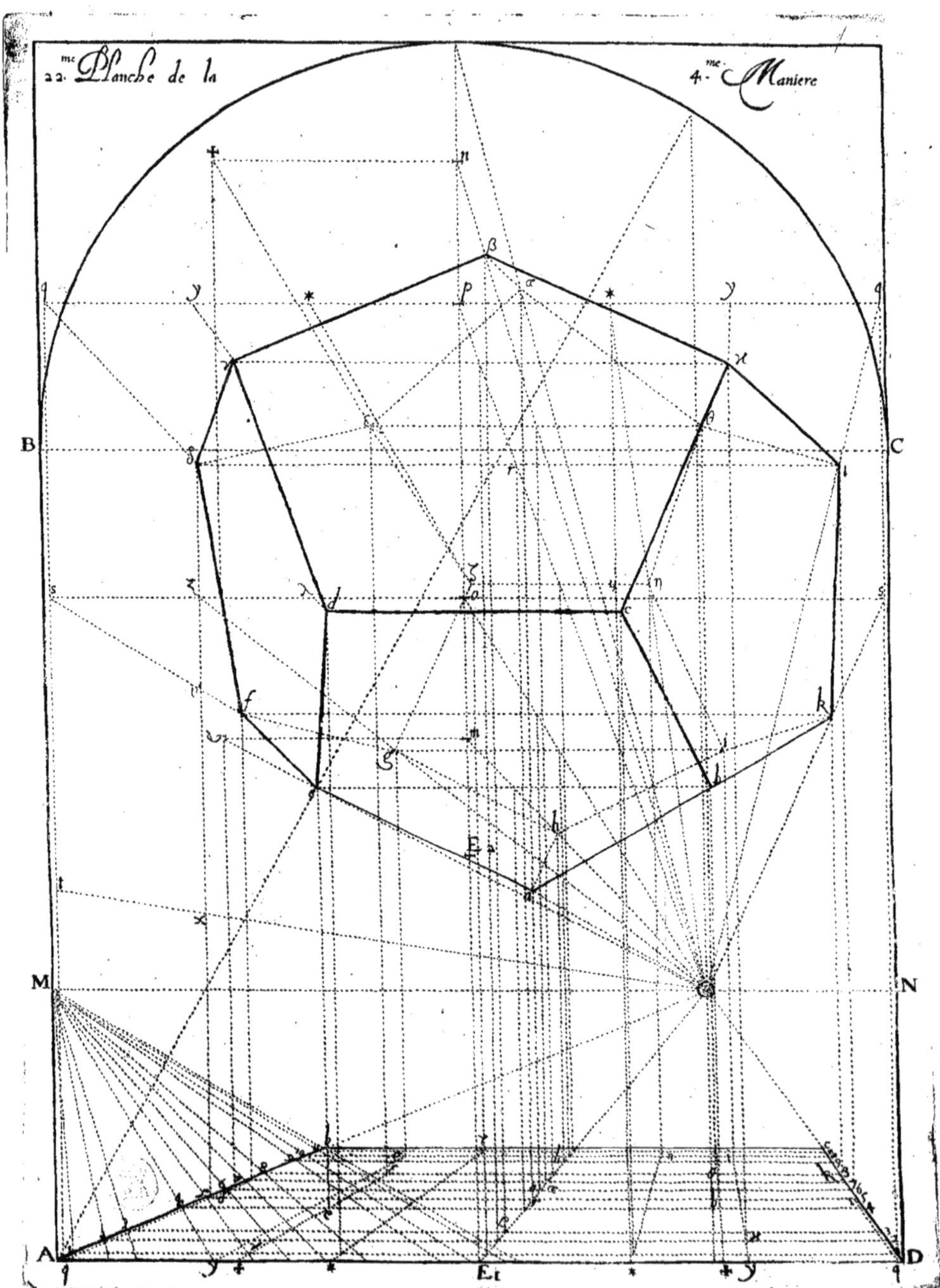
22.me Planche de la 4.me Maniere
B
C
M
N
A
D
E

comme vous voyez les poi. c, $\varkappa$, d, γ, &c. Si l'on desire commencer cette Orthographie, par la petite peripherie étoilée, dans laquelle soit inscrit le pentagone donné pour l'vne des faces du Dodecaëdre demandé, il ne faut que tirer d'vn de ses angles vne ligne infinie par le centre d'iceluy, qui coupera l'vn de ses côtez (opposé à l'angle) par le milieu, comme vous voyez au poi. μ, puis du centre a, ou α, interual $\alpha\mu$, soit décrit l'arc $\lambda\mu$, qu'il faut diuiser en trois parties égales, à l'vne dêquelles soit faite égale γ E 2, puis du centre a, ou α, interual α E 2, soit décrite la grande peripherie E 2, F 2, G H I K.

Ne reste plus à sçauoir que les éleuations des angles du solide sur le plan, s'il y reposoit, mais pource qu'il causeroit confusion de lignes dans le plan Perspectif, ie l'ay éleué iusques à la voulte comme les autres solides des planches precedentes.

Ses éleuations sont en l'Orthographie sur sa ligne de hauteur E 2 H, comme elles doiuent estre disposées pour construire le solide; & cette hauteur E 2 H, est marquée des points m, n, o, p, léquelles éleuations ie trouue parmy cette Orthographie ou plan Geometral comme s'ensuit: Pour auoir les hauteurs E 2 m, H n, ie tire dans le pentagone étoilé vne diagonale subtenduë à l'angle superieur de ce pentagone, laquelle diagonale ie diuise en quatre parties égales, dont i'en donne deux aux susdites hauteurs: & les hauteurs $m\,o$, $n\,p$, valent ensemble le côté dudit pentagone étoilé, lêquelles hauteurs sont égales à celles que i'ay trouuées mesurant vn solide materiel le plus exactement qu'il m'a esté possible. Et si dans le temps qu'il plaira à mon Createur me retenir en ce monde, quelque Curieux rencontre ces éleuations plus exactement, il m'obligera de m'en donner aduis. Ie peux soustenir auec verité que si ce plan Geometral n'est le vray plan du Dodeçaëdre qu'on veut representer leué perpendiculairement sur l'vn de ses angles, que neantmoins ces deux solides sont bien & deuëment construits selon leur plan Geom. & dans le tableau donné sans sortir d'iceluy, & sans se donner la peine de tracer autre dessein qu'en iceluy; qui est l'effet de ce que i'ay pretendu enseigner par l'vne ou l'autre de mes quatre maniere, comme i'ay dit au titre de ce traité en la Preface.

Ce plan Geometral étant fait, pour le reduire en plan Persp. il ne faut que bien considerer dans le plan Persp. que i'en ay fait ſur le côté B C, les lettres, & chifres, ou caracteres ſemblables à ceux du plan Geometral pour acquerir ſuffiſamment la connoiſſance des angles du ſolide, & d'où ils ont tiré leur origine, ſans qu'il fût neceſſaire d'ennuier le Curieux de plus amples explications; & principalement celuy qui auroit leu, & ſpeculé patiemment ce traité depuis le commencement iuſques à cette planche. Mais pource que tous n'ont cette patience, & que ie deſire rendre cét ouurage le plus intelligible qu'il me ſera poſſible, ie donne par le diſcours ſuiuant la pratique pour reduire en Perſpectiue les deux ſolides de la vingt-vniéme & vingt-deuxiéme planche.

Et premierement faut remarquer qu'en la vingtiéme planche i'ay (comme Albert Durer, Iean Couſin & autres) fait ſeruir le côté B C, du quarré Geometral A B C D, de ligne de terre, pour tracer ſur icelle le plan Perſpectif B *b c* C, afin d'y trouuer, & connoître plus facilement les images des poi. requis du plan Geometral, lequel (comme i'ay dit pluſieurs fois) doit eſtre entendu tracé ſur la ligne de terre A D, du tableau, ſur lequel l'on veut repreſenter en Perſpectiue ce qui eſt tracé dans le plan Geometral, que i'efface totalement, aprés que i'en ay trouué les images ſur le côté A D, pour ligne de terre, commune tant au plan Geometral que Perſpectif: ce que ie fais ſans confuſion, & ce que la ſpeculation, & la pratique font mieux entendre que le diſcours. Et pour donner plus facilement la connoiſſance de l'origine des angles du ſolide, ie n'ay mis dans le plan Perſp. que les images des points du plan Geometral, ſans les ioindre de lignes, comme ils ſont dans ledit plan Geometral, pour n'embroüiller le Perſpectif, dans lequel i'ay mis à deſſein des lettres ſemblables au Geometral, pour en mieux faire connoître les images. Si donc l'on veut faire voir diuerſement, comme en la vingt-vniéme & vingt-deuxiéme planche, ces deux Dodecaëdres éleuez iuſques à la voulte, & la touchant ſeulement d'vn angle, comme vous voyez que celuy de la vingt-vniéme la touche de l'angle ſolide *a*, fait par les lignes *a b*, *a e*, *a h*: Et celuy de la vingt-deuxiéme de l'angle α, fait par les lignes α β, α ε, α θ, il faut ſur A D, du point E 2, leuer perpend. la ligne E 2 H, & du point H, tirer H O, qui ſoit coupée au point *a*, par la ligne *a a*, perpend. leuée ſur le point *a*, centre du plan Perſpectif de la vingt-vniéme planche: & en la vingt-deuxiéme planche au poi. α, par la perpendiculaire α α. Et pour auoir la hauteur ou diagonale *a* α, de chacun de ces deux Dodecaëdres, il faut ſur la perpend. E 2 H, mettre le diametre E 2 H, de la peripherie du plan Geometral leuée perpendiculairement ſur le milieu du côté A D, de ſon quarré A B C D; & ſur icelle perpend. E 2 H, faut auſſi mettre les poi. *m*, *n*, *o*, *p*: en pareille diſtance qu'ils ſont ſur ledit diametre dudit plan Geometral de ladite vingtiéme planche. Puis de chacun des points E 2, E 2, (qui ſont ſur les perpendiculaires E 2 H, E 2 H, tant de la vingt-vniéme que de la vingt-deuxiéme planche) faut tirer vne ligne au point principal O, qui coupe la perpendiculaire *a a*, de la vingt-vniéme planche au point α: Et la perpendiculaire α α, de la vingt-deuxiéme planche au point *a*. Pour auoir l'angle ſolide *b*, (fait par les lignes *b a*, *b c*, *b k*) du Dodecaëdre tant de la vingt-vniéme planche, que de la vingt-deuxiéme, ie me ſers de l'angle ſolide *e*, (autant éleué ſur le plan Perſpectif que l'angle *b*) pource que du point ✠, qui eſt entre D E 2, ie ne peux leuer vne perpendiculaire égale à E 2 *n*, (perpend. ſur A D) quelle ne couure, par rencontre, la perpend. *b b*, ſi elle eſtoit tirée. Doncques du point ✠, autant éloigné du point A, que le ſuſdit point ✠, l'eſt de D, ie leue la perpend. ✠ ✠, égale à E 2 *n*; & du point *e*, du plan Perſpectif ie leue la perpend. *e e*, qui rencontre la ligne tirée du poi. ✠, vers le point principal O, au point *e*. Et ſur le poi. *b*, du plan Perſpectif ie leue (ſi ie le peux ſans confuſion) la perpendiculaire *b b*, égale à la perpend. *e e*. Ou de l'angle ſolide *e*, ie tire la ligne *e b*, parallele, & égale à la ligne *e b*, du plan Perſp. Et pour auoir l'angle ſolide *c*, (fait par les lignes *c b*, *c d*, *c x*) ie me ſers de l'angle *d*, non pour pareille raiſon que ie me ſuis ſeruy de l'angle *e*, mais pource que les perpend. qui ſeroient leuées ſur les points *, *c*, du plan Perſpectif ſeroient plus proches l'vne de l'autre que vers la main gauche, (ſçauoir vers le poi. A, les perpend. **, *d d*). Pour auoir donc cét angle ſolide *d* (fait par les lignes *d c*, *d e*, *d γ*) ſur le point *, de la ligne A E 2, demie de la ligne de terre A D, ie leue la perpend. **, égale à E 2 *p*, & du point *, en l'air, ou éleué ie tire vne ligne vers le point principal O, laquelle coupe la perpend. *d d*, au point *d*, duquel ie tire vne ligne parall. & égale à la ligne *d c*, du plan Perſpectif. Sur la croiance que i'ay que ces exemples suffiront pour trouuer les autres angles du Dodecaëdre ie finis ce discours. Mais pource que quelque Speculatif me pourroit obiecter que pour auoir l'angle solide *f*, du Dodecaëdre de la vingt-vniéme planche : & l'angle solide ♪, du Dodecaëdre de la vingt-deuxiéme planche, suiuant la proposition que i'ay auancée de trouuer dans le tableau donné, les images, ou Perspectiue de tous les points du plan Geometral proposé. Ayant leué sur A D, la perpend. *qq*, (proche voisine du côté A B, parall. & égale à la perpend. E 2 *p*) son poi. superieur *q*, sort hors le tableau contre la proposition du titre de ce liure : pour céte cause i'ay dans le plan Perspectif de la vingt-vniéme planche tiré *f k*, & dans le plan Perspectif de la vingt-deuxiéme planche tiré ♪ *ι*, chacune dêquelles coupant E 2 O, au point *r*, sur lequel i'ay leué vne perpend. infinie, que ie coupe au point *r*, par vne ligne que ie tire du point *p*, vers le point O : Puis par ce point superieur *r*, en la vingt-vniéme planche, ie tire *f k*, parall. & égale à *f k*, du plan Perspectif, & en la vingt-deuxiéme planche ie tire ♪ *ι*, parall. & égale à ♪ *ι*, du plan Perspectif, laquelle pratique vous connoîtrez clairement tant en la vingt-vniéme, qu'en la vingt-deuxiéme planche, esquelles i'ay leué sur A D, A D, les perpend. necessaires à cette pratique pour mettre sur chacune d'icelles les mesures de la hauteur E 2 H, du plan Persp. pour le solide : Ou mieux, les mesures de la toute E 2 H, leuée perpendiculairement sur A D, pour auoir par le moien d'icelles mesures transportées sur chacune des autres perpend. à icelle A D, les angles solides du Dodecaëdres : Comme pour exemple (par repetition de ce qui a esté enseigné cy-deuant) si ie veux en la vingt-vniéme planche auoir l'angle solide *e*; aprés auoir fait A ✠, égale à B ✠, de la ligne B H, de la vingtiéme planche, & du point ✠, tiré vne ligne vers le point principal O, sur laquelle ligne est le point Perspectif *e*; & sur iceluy leué vne perpend. infinie, & sur le point ✠ (qui est sur A E 2) vne autre perpend. sçauoir ✠ ✠, égale à E 2 *n*, perpend. sur A D : Du point ✠, superieur i'ay tiré vne ligne vers le point de veüe O, autant que i'ay iugé estre necessaire pour couper cette perpend. leuée sur le point Perspectif *e*, au point *e*, en l'air, qui est l'angle solide cherché, fait par les lignes des trois côtez *e a*, *e d*, *e f*. Par cette pratique chacun angle solide se trouue par le moyen d'vne perpendiculaire leuée ſur la ligne de terre A D. Mais pource qu'il faut par cettedite pratique porter les meſures de la perpendiculaire E 2 H, ſur chacune perpend. & du point ſuperieur de chacune tirer vne ligne vers le point principal O, ie trouue cette procedure trop longue (au cas que ce point principal O, ne ſoit au milieu de l'horizontale M N, ſinon i'vſe du remede cy-aprés) c'eſt pourquoy ie me ſers plus volontiers de la pratique de la vingt-deuxiéme planche en laquelle la ligne E 2 O, du plan Perſpectif y eſt neceſſaire pour leuer ſur icelle les perpend. que vous voyez coupées par les ſix lignes E 2 O (ſuperieure à celle du plan Perſpectif) *m* O, *o* O, *p* O, *n* O, & H O, & par les points de ſection des lignes paralleles & égales chacune à celle du plan Perſpectif ſur laquelle elle eſt éleuée, comme i'ay fait dans le Dodecaëdre de la vingt-vniéme planche la ligne *f k*, parallele à la ligne *f k*, du plan Perſpectif laquelle (comme a eſté dit) coupe dans le plan Perſpectif la ligne E 2 O, au point *r*, ſur lequel eſt leuée vne perpendiculaire, qui eſt coupée au point *r*, par ladite *f k*, parall. & égale à *f k*, du plan Perſpectif. Mais ſi le point de veüe O, eſt ſur la perpend. E 2 H, elle couurira la toute E 2 O, & ainſi ie n'y pourray leuer aucune perpend. Comme pour exemple, dans la vingt-vniéme planche la perpendiculaire *r r*, pour auoir le point *f*, par cette voye.

Or puiſque ſans conſiderer l'arc B H C, l'on trouue le point *f*, par le moyen du point *p*, faiſant à E 2 *p*, la ligne *q q*, égale & parallele, perpend. leuée ſur A D, & ne la pouuant leuer entiere à cauſe de l'arc ſuſdit B H C: Et pource ne me pouuant ſeruir du point *p*, ie me ſers du poi. *o*, autant éloigné du point E 2, en l'air, que *p*, eſt de H: & de ce point *o*, vers ma main gauche, ie tire *o s*, parall. & égale à la grandeur E 2 *q*, de la ligne de terre A D, à laquelle du point *q*, i'ay prealablement leué vne perpend. iuſques à la voulte; & cette perpend. rencontre le point *s*, (extréme de la lig. *o s*, qui eſt, comme i'ay dit, parall. & égale à la grandeur E 2 *q*). Puis du point *f*, du plan Perſpectif & à iceluy ie leue vne perpend. infinie. Ce fait ie prens la grandeur *o p*, que ie porte ſur la perpend. *q s*, ſçauoir eſt *s t*, & des points *s*, *t*, ie tire deux lignes vers le point de veüe O, qui coupent la perpend. leuée ſur le point *f*, du plan Perſpectif és poi. *u*, *x*. Finalement à la grandeur *u x*, ie fais égale *u f*, &c.

Pour ne changer ce point de veüe oblique, duquel ie me suis serui par tout ce traité; & estant contraint par cette voulte, ie n'ay peu éuiter en la vingt-vniéme planche, vne notable rencontre de deux lignes perpend. dont l'vne couure l'autre, sçauoir est la perpend. γγ, qui couure presque toute la perpend. *ff*. Et pour soulager ceux qui ne se seroient addonnez aux Perspectiues anciennes, & qui ne se seroient donné la patience de speculer cette-cy, dés son commencement; ie passe plus outre que ie n'auois proposé, pour l'explication de l'origine des autres angles solides de la vingt-vniéme planche, comme s'ensuit: L'angle solide γ, tire son origine du point γ, du plan Perspectif, & du point *o*, qui est sur la perpend. E2H, pource que du poi. *y*, qui est sur AE2, vers A, & extreme de la ligne *y* O, du plan Perspectif, ayant leué la perpend. *y* ζ, égale & parallele à la perpend. E2*o*,; & du point ζ, tirant vne ligne vers le point de veüe O, elle sera coupée par vne perpendiculaire leuée sur le point γ, du plan Perspectif au point γ, en l'air, qui est l'angle solide requis.

Et pour auoir l'angle solide ϰ, son opposé, & ce par vne prompte pratique, ie me sers de deux compas, & auec l'vn ie prens la perpendiculaire γγ; & auec l'autre la grandeur γϰ, de la ligne 2. 2, du plan Perspectif parallele à la ligne de terre AD: Et sur le point ϰ, ie pose l'vne des pointes du compas, auec lequel i'ay prins la perpendiculaire γγ, & sur le point γ, du solide Dodecaëdre ie pose l'vne des pointes de l'autre compas (auec lequel i'ay pris la grandeur γϰ) & ou les pointes mouuantes des deux compas se rencontrent ie marque ϰ, qui est l'angle solide requis. Ce discours est plus long que la pratique de laquelle ie me sers pour les point opposez, & qui sont sur mesme parall. comme sont les points *b*, θ, *i*, ϰ, opposez aux points *e*, ι, *g*, ζ.

Le mesme discours que i'ay fait pour l'angle γ, ie le fais pour plus facile intelligence, non seulement pour l'angle *g*, du solide qui tire son origine du point *g*; du plan Perspectif, & du point *p*, qui est sur la perpend. E2H; mais encor pour les autres angles à declarer. Donc pource que du point *y*, qui est sur AD, vers A, ayant leué la perpendiculaire *yy*, égale, & parall. à la perpendiculaire E2*p*, & du point *y*, tirant vne ligne vers le poi. de veüe O, elle sera coupée par vne perpendiculaire leuée sur le point *g*, du plan Perſpectif au point *g*, qui eſt l'angle ſolide requis. Et pour auoir ſon oppoſé *i*, ie le trouue comme i'ay trouué l'angle κ. L'angle δ, du ſolide vient du point *o*, pource que du point *q*, qui eſt proche du point A, ayant leué la perpendiculaire *q s*, égale, & parall. à la perpend. E 2 *o*, & du point *s*, tirant vne ligne vers le point de veüe O, elle ſera coupée par vne perpendiculaire leuée ſur le point δ, du plan Perſpectif au point δ, qui eſt l'angle ſolide requis. L'angle ι, ſon oppoſé ſe trouue comme l'angle κ. L'angle ε, vient du point *m*, pource que du point ✠, vers A, ayant leué la perpend. ✠ &, égale & parall. à la perpendiculaire E 2 *m*, & du point &, tirant vne ligne vers le point de veüe O, elle ſera coupée par vne perpendiculaire leuée ſur le point δ, du plan Perſpectif au point δ, qui eſt l'angle ſolide requis. Et l'angle θ, ſon oppoſé ſoit trouué comme cy-deſſus. Finalement l'angle ζ, du ſolide vient du point *o*, pource que du point *, qui eſt ſur A E 2, ayant leué la perpendiculaire * λ, égale, & parallele à la perpendiculaire E 2 *o*, & du point λ, tirant vne ligne vers le point de veüe O, elle ſera coupée par vne perpendiculaire leuée ſur le point ζ, du plan Perſpectif au point ζ, en l'air, qui eſt l'angle ſolide requis. Et le point η, ſoit trouué comme cy-deſſus.

Ces exemples bien entenduë donneront l'intelligence de quelque point en l'air qu'on deſirera trouuer qui aura eſté mis dans le plan Geometral, & bien reduit dans le plan Perſpectif comme ie l'ay enſeigné par l'vne ou l'autre de ces quatre maniere.

Icy les vingt-trois & vingt-quatriéme planche de la 4. maniere.

AVPARAVANT que de passer à l'explication de ces vingt-trois & vingt-quatriéme planches, ie fais trois propositions sur la vingt-troisiéme. I. Proposit. *Vne ligne estant donnée pour côté d'vn Pentagone regulier trouuer par le moyen d'vn quarré, ou sans iceluy vne peripherie, ou cercle, pour inscrire en iceluy le Pentagone regulier afin qu'il soit l'vne des douze faces d'vn Dodecaëdre à representer en Perspectiue (comme i'ay fait en la vingt-quatriéme planche) dont deux de ses côtez, ou arrêtes soient paralleles au plan Perspectif horizontal.*

Soit en céte vingt-troisiéme planche au milieu d'icelle la lig. donnée A B, perpendiculaire à l'horizon, pour côté d'vn pentagone regulier, par le milieu de laquelle au point Y, soit tirée vne lig. infinie, parall. à l'horizon, & de ce poi. Y, comme centre, interual B Y, soit décrite la demie peripherie Γ B Δ, pour estre diuisées en cinq parties égales, és points 1, 2, 3, 4. Puis du poi. Γ, comme centre, interual Γ 1, & du centre Δ, interual Δ 4, soient décris les arcs 1 Θ, 4 Λ, pour auoir la ligne Θ Λ, à laquelle soit fait égal chacun côté du quarré C E H K, ou N O P Q, duquel le point Y, doit estre le centre, & que ce quarré soit diuisé en deux triangles par la diagonale E K. Ce fait, à la ligne A B, soit faite égale Y Ξ, de l'interual de laquelle, & du centre Y, soit décrit l'arc Ξ Π, & à K Π, faisant égale Π Σ, on aura Y Σ, pour demy diametre de la peripherie requise, dans laquelle est inscrit le pentagone regulier 1. 2. 3. 4. 5. On peut encor auoir le pentagone regulier sur vne ligne donnée sans l'aide du quarré ny du cercle comme s'ensuit. Soit la ligne donnée 3. 4, (qui est entre B, & Z, & qui sert de côté au pentagone nouuellemẽt trouué,) diuisée par la moitié au point *, duquel soit perpend. leuée sur la ligne donnée 3. 4, vne ligne interminée, & soit aussi ainsi leuée du point 4. à angle droit la ligne 4 Υ, égale à icelle 3. 4, qui soit iointe par la ligne 3. Υ, à laquelle (aprés auoir produit la donnée 3. 4, vers 4) soit faite égale 3 Φ, & au point Φ, du point Υ, soit tirée Υ Φ, qu'il faut diuiser en cinq parties égales. En aprés, du point 3, comme centre, interual 3 Φ, soit décrit l'arc Φ Υ Ψ, & pour paracheuer la hauteur * 1, du pentagone soit Ψ 1, faite égale à vne cinquiéme partie de la ligne Υ Φ. Puis des point 3, 4, 1, comme centres, soient faites deux fois deux sections de cercle és poi. 2, 5. Tirant donc les lig. 3. 4; 4. 5; 1. 2; 1. 5; le pentagone

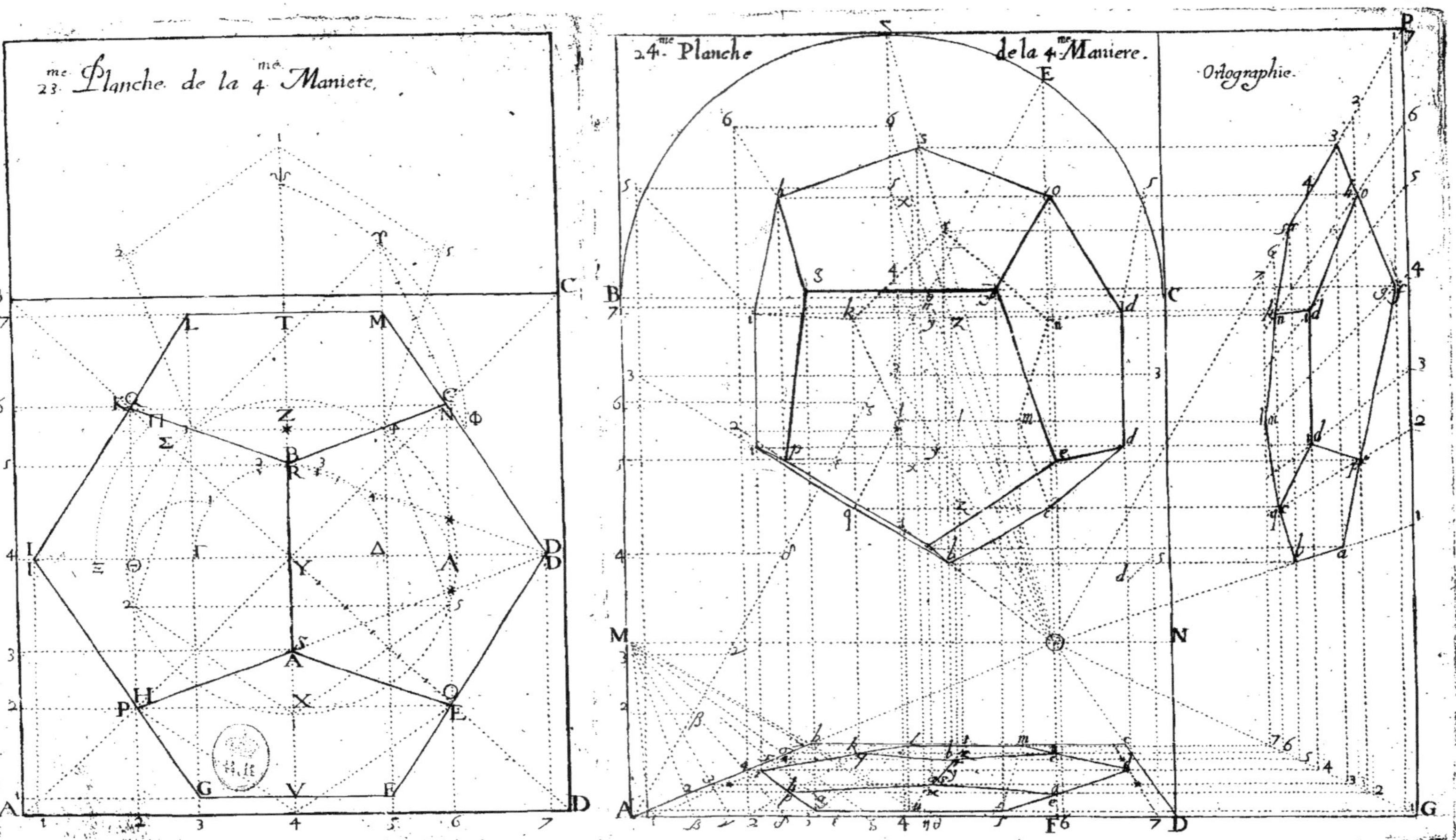
23.me Planche de la 4.me Maniere.
24.me Planche de la 4.me Maniere.
Ortographie.

requis ſera conſtruit. II. Propoſit. *Dans vn quarré donné trouuer vne ligne par le moien de laquelle l'on puiſſe repreſenter en Perſpectiue vn Dodecaèdre ſelon la premiere propoſition.* Soit le quarré donné CEHK, ou NOPQ, auec ſes diagonales ; la moitié d'vne d'icelles, ſçauoir EY, ſoit diuiſée en ſix parties égales, & que ce quarré ſoit diuiſé en quatre égaux par les diametres XZ, ⊙ A : puis deſſus, & deſſous le point A, ſoient miſes $\frac{1}{6}$, de ladite demie diagonale YE, marquées *, *, en leurs extremitez, & des angles H, K, du quarré CEHK, par ces **, ſoient tirées deux lignes pour s'entrecouper au point DD, & pour couper la diametrale XZ, aux points A, B, de ſorte que cette ligne AB, eſt la ligne requiſe.

III. Propoſit. *Vn Pentagone donné regulier trouuer vn quarré, par le moien duquel on puiſſe faire vn plan Geometral, & en ſuite vn plan Perſpectif, pour repreſenter en Perſpectiue vn Dodecaèdre, ſelon la premiere propoſition.* Soit dans le quarré ABCD, de la vingt-troiſiéme planche le pentagone regulier donné, comme cy-deſſus, 1. 2. 3. 4. 5, dans lequel la ligne tirée d'vn de ſes angles, à ſon angle oppoſé, comme icy la ligne 2. 5, eſt le côté du quarré requis CEHK, qu'il faut ainſi diſpoſer comme il eſt en la figure, pour l'enclorre d'vn hexagone irregulier, qui doit ſeruir de plan Geometral au plan Perſpectif de la vingt-quatriéme planche ſuiuante. Et pour ce faire ſoient diuiſez par la moitié les quatre côtez du quarré és points X, ⊙, Z, A, & par ces points ſoient tirées deux lignes produites hors le quarré, qui s'entrecouperont au point Y, & que ledit exceds hors le quarré ſoient égaux à la moitié de la ligne AB (qui eſt au milieu du quarré ABCD, ou au milieu du plan Geometral) : & ces lignes ſeront ID, T, V. Puis des point I, D, par les quatre angles du quarré ſoient tirées quatre lignes infinies qui ſoient coupées és points G, F, L, M, par deux lignes qui doiuent paſſer par les points T, V, & paralleles aux côtez CK, EH, du quarré, aux quatre angles duquel, des points A, B, ſoient tirées quatre lignes. Et ainſi l'on aura le plan Geometral requis, dans lequel paroiſſent ſeulement quatre pentagone irreguliers, ou quatre faces irreguliers du Dodecaèdre à repreſenter. Et la raiſon de cette irregularité eſt qu'il faut entendre que ſi on tire de l'œil du regardant vne ligne droite perpend. au milieu de la côte ou arrête AB, du ſolide

Dodecaëdre materiel en ſorte que les deux pentagone qui compoſent céte côte, paroiſſent égaux entr'eux, on verra le ſolide naturellement comme eſt ce plan Geometral, qu'il ſe faut imaginer eſtre enflé, & partant que toutes les lignes en ſont doubles fors les lignes F G, L M, chacune dêquelles ſert de côté commun à deux pentagone, ſçauoir F G, aux pentagone F G P A E, F G H S O : Et la ligne L M, aux pentagones L M C B Q, L M N R K. De plus, ſe faut imaginer que les lettres doubles C N, E O, H P, K Q, ſont autant éloignées les vnes des autres que ſont longues les lignes du quarré, duquel elles marquent les quatre angles, & ainſi ſeparée orthogonellement, ou à droits angles, les vnes des autres, elles forment le Cube parfait dont les ſix faces ſont C E P Q, & ſon oppoſée H K N O: C E O N, & ſon oppoſée H K Q P : C O H P, & ſon oppoſée C N K Q. Finalement les lettres D D, I I, denotent qu'il faut ſur chacun point qu'elles marquent, s'imaginer entr'elles vne lig. perpend. éleuée ſur le plan, & que chacune d'icelles ſoit entenduë eſtre égale à la ligne donnée A B. Et en cette façon on connoîtra clairement que les quatre côtez égaux de cét hexagone irregulier ſont autant de pentagones, ou faces du Dodecaëdre que vous allez voir eſtre oppoſées les vnes aux autres. La face D D O F E, eſt oppoſée à la face I I K L Q: & la face D D C M N, eſt oppoſée à la face I I H G P, ce que le ſolide Dodecaëdre de la ſeconde figure donne clairement à connoître. Par ce moien ſont ſuffiſamment connuës les douze faces du plan Geometral à reduire en plan Perſpectif, comme a eſté enſeigné cy-deuant. Ie ne laiſſerez pourtant d'en faire quelque petite repetition pour la commodité de ceux qui ne ſe ſeroient donné la patience de ſpeculer les premieres planches de cette quatriéme maniere, & qui à liure ouuert auroient rencontré cette planche. Et premierement de tous les points, ou angles de l'exagone ſoient tirées ſept lignes perpend. ſur les côtez A B, A D, marquez de chifres, & que ces meſures ſoient portées ſur les côtez A B, AD, de la vingt-quatriéme planche. Ce fait, de l'angle A, du quarré A B C D, d'icelle vingt-quatriéme planche au point d'éloignement E, ſoit tirée A E, ſur laquelle des ſept points du côté A B, ſoient tirées ſept lignes paralleles au côté B C, & des ſept points α, β, γ, δ, ϵ, ζ, η, & meſme du point θ, ou la ligne A E, coupe le côté B C, soient tirées les perpend. sur A D ; ou pour éuiter confusion de lignes, soient seulement prises les grandeurs 1 α, 2 β, 3 γ, &c. iusques à B θ, & soient mises sur le côté A D, qu'il faut marquer des mesmes lettres α, β, γ, &c. dêquels poi. α, β, γ, &c. soient tirées au point M, des lignes pour couper la ligne A O, és points 1, 2, 3, 4, 5, 6, 7, & *b*, qui seront les images des points de la ligne A B. Puis de ces sept points de ce côté Perspectif A *b*, soient tirées sept paralleles à la ligne A D, & prolongées depuis le côté D C, du plan Perspectif iusques à la ligne G O, sur laquelle i'ay leué sept lignes perpendiculaires iusques à la ligne O P, pour y dresser l'Orthographie des anciens dont ils se seruoient comme de miroir qui leur estoit necessaire pour representer ce Dodecaëdre qui est icy de veüe oblique ; en ce cas ie le peux representer sans autre Orthographie que sur la ligne 4 *t* O, qui diuise le plan Perspectif A *b c* D, en deux parties égales : Mais si ie veux voir le Dodecaëdre de droite veüe ainsi éleué iusques à la voûte, alors ie peux leuer perpend. cette Orthographie sur l'vn ou l'autre des côtez A *b*, D *c*, du plan Persp. moyennant que ie n'en sois point empesché par la voûte B 7 E C. Et si la voûté m'en empesche ie me sers encor de la mesme veüe oblique pour auoir seulement dans le plan Perspectif la lig. 4 *t*, qui estant de veüe droite seroit couuerte par la plus grande perpendiculaire 4. 7, sur A D, & partant ie ne pourrois si facilement trouuer les angles du solide pour estre veu de droite veüe, sinon par la pratique de la deuxiéme figure de la dix-huitiéme planche, par le moyen de laquelle ie peux auoir tous les angles qui ne sont point sur la grande perpendiculaire 4. 7, comme seroient en cette vingt-quatriéme planche les angles solides *a*, *b*; *r*, *s*, & mesme les côtes *a b*, *r s*, couuertes par ladite 4. 7, si l'on vouloit le solide de veüe droite & ainsi éleué iusques à la voûte. C'est donc pourquoy ie me sers de deux point de veuë, l'vn de veuë droite qui doit demeurer pour y dresser le plan Perspectif, pour en tirer la plus grande part des angles du solide ; & l'autre de veüe oblique que i'efface, aprés que i'ay trouué par le moyen de la ligne 4 *t*, les angles *a*, *b*; *r*, *s*, du solide sur les lig. 1 O, 7 O, tirées la plus grande perpend. 4. 7, qui touche la voûte sur laquelle 4. 7, est la hauteur naturelle 1. 7, du solide, & ses six dimensions notées par les points 2, 3, 4, 5, 6, comme elles sont ſur le côté A D, de la premiere figure laquelle bien entenduë, comme ie l'ay declarée cy-deſſus, facilitera la pratique, & la conſtruction de ce ſolide. Neantmoins pour ſoulager les Curieux de Perſpectiue qui n'auroient eu connoiſſance des anciennes, ie donneray icy quelques exemples pour quelques angles & côtes de ce ſolide par le moien de la ligne 4 *t*. Comme pour en auoir les angles *g*, *f*: *l*, *m*; & partant les côtes *g f*, *l m* (paralleles entre elles & oppoſées l'vne à l'autre, & châcune de ces côtes eſtant commune à deux faces du Dodecaëdre ſçauoir *g f*, à la face *g f o s h*; & à la face *g f e a p*. L'autre côté ſçauoir *l m*, commune aux faces *l m n r k*, *l m c b q*. Lêquelles quatre faces tirent leur origine des deux pentagones Perſpectifs *g f e*, ou *o*, ou *h a p*, *l m c*, ou *n*, *b*, ou *r q*, ou *k*. Pour auoir dis-je ces côtes *g f*, *l m*, par le moyen de la ligne 4 *t*; ſur le point 4, de la lig. A D, ie leue perpendiculairement à ladite A D, la ligne 4. 7, ſur laquelle ie mets pareilles diuiſions que ſont celles de la ligne A D, ou A B, du plan Geometral, & du point 4, d'icelles diuiſions ie tire 4 O, à laquelle, des points *t*, *u*, du plan Perſpectif & à iceluy ie leue deux perpendiculaires qui la rencontrent és poi. *t*, *u*, par lêquels ie tire deux lignes paralleles, & égales aux lignes *l m*, *g f*, du plan Perſpectif comme denotent les perpendiculaires *g g*, *f f*, *l l*, *m m*. Et pour auoir les angles ſolides *e*, *p*, *h*, *o*, *k*, *n*, *c*, *q*. ie voy premierement comme ils tirent leur origine du plan Geometral comme denotent les huit grandes lettres E P H, &c. correſpondantes aux petites, par lêquelles grandes lettres aiant tiré deux lig. perpendiculaires à A D, elles s'y terminent és poi. 2, 6, que ie porte comme vous voyez ſur A D, du plan Perſpectif, & ſur la ligne 4. 7, leuée du point 4, perpendiculairement ſur A D; ſur laquelle perpendiculaire 4. 7, i'ay mis comme i'ay dit, les meſmes diuiſions depuis 1, iuſques à 7, comme elles ſont ſur A D, ou A B, du plan Geometral, ſur la perpendiculaire 4. 7, de la ſeconde figure ie tire deux lignes au point *o*. Et des poi. 2, 6, de la ligne A D, ie tire auſſi deux lignes au point *o*, que ie coupe par les lignes 2. 2, 6. 6, parall. à A G, és poi. *h*, ou *p*; *e*, ou *o*; *k*, ou *q*; *c*, ou *n*, dêquels ie leue indeterminement quatre lignes perpendiculaires au plan Perſpectif. Et ou les lignes 2. 2, 6. 6, paralleles à A G, coupent la ligne 4 *t* O, ſçauoir eſt és poi. *x*, *z*, de ces points ie leue deux perpendiculaires au plan Perſpectif qui coupent les lignes 2 O, 6 O, (tirées des poi. 2, 6, de la grande perpendiculaire 4. 7) és poi. *x*, *x*; *z*, *z*, par lêquels ie tire quatre lignes parall. & égales aux deux lignes *h o*, ou *p e*; *k n*, ou *q c*, du plan Perſpectif. Aiant donc trouué au ſolide les poi. *e*, *p*, *h*, *o*, *k*, *n*, *c*, *q*, ie les ioins auec les lignes *g f*, *l n*, cy-deſſus trouuées, & auec les poi. *a*, *b*; & *s*, *r*; Et par ce moien i'ay quatre faces du ſolide, lêquelles ſont directement oppoſées les vnes aux autres, dont les deux qui ſont apparentes ſont oppoſées aux non apparentes, ſçauoir *a e f g p*, apparente, à la face non apparente *r k l m n*. Et la face *s h g f o*, apparente à la non apparente *r k l m n*. Ce fait, pour acheuer le ſolide Dodecaëdre reſtent encor à trouuer les angles *d*, *d*, *i*, *i*, que ie trouue comme s'enſuit. Des poi. 3, 5, de la grande perpendiculaire 4. 7, ie tire deux lig. au point O, lêquelles ie coupe és points *y*, *y*, par vne perpend. au plan Perſpectif leuée du point *y*, qui eſt au centre d'iceluy plan, par lequel i'ay cy-deuant tiré la ligne 4. 4, parall. à A G, & que i'ay coupée (faiſant le plan Perſpectif) és points *d*, *i*, par deux lignes que i'ay tirées au point O, des poi. 1, 7, de la lig. A D. Aiant donc ainſi trouué dans ce plan Perſpectif les deux points *d*, *i*, d'iceux audit plan Perſpectif ie leue deux perpendiculaires infinies que ie coupe és points *d*, *i*, ſuperieurs (proches de la lig. B C, ſous icelle) & *d*, *i*, inferieurs (tous en l'air) par deux lignes paralleles, & égales à la ligne *d i*, du plan Perſpectif lêquelles deux lignes paſſent (comme l'on voit) par les poi. *y*, *y*, qui ſont ſur les lignes 3 O, 5 O. Et pour acheuer le ſolide Dodecaëdre de chacun de ces quatre points *d*, *d*, *i*, *i*, ie tire deux lignes aux angles des faces que i'ay cy deuant trouuées, ſçauoir eſt du *d*, ſuperieur les lig. *d o*, *d n*: & du *d*, inferieur les lig. *d e*, *d c*; puis du point *i*, ſuperieur les lig. *i h*, *i k*; & du point *i*, inferieur les lig. *i p*, *i q*, & finalement les lignes *d d*, *i i*, paralleles, & directement oppoſées l'vne à l'autre acheuët de clorre le Dodecaëdre requis. Si ie ne me veux ſeruir de la ligne 4 *t* O, du plan Perſpectif pour auoir les angles ſuperieurs *d*, *i*, du Dodecaëdre, ce ne ſçauroit eſtre que par le moien de deux perpendiculaires à la ligne A D, & qui ſoient leuées des points 1, 7, d'icelle ligne A D, & égales à la ligne 4. 5, de la grande perpendiculaire 4, 7. Or pource que ces deux perpendiculaires ſçauoir 1. 5, 7. 5, ſortent hors le tableau où au dela de la voûte B 7 E C, & que des points 5, 5, qui en sont hors, ie ne peux tirer deux lignes au point de veüe O, pour couper aux poi. *d*, *i*, les deux perpendiculaires leuées des points *d*, *i*, du plan Perſpectif, alors par le point 3, de la grande ligne perpendiculaire 4.7, ie tire, parallelement à l'horizon, vne ligne qui coupe és points 3, 3, les deux perpendiculaires cy-deuant leuées ſur les poi. 1, 7, de la ligne de terre A D, ſur lêquelles perpendiculaires ſous les poi. 3, 3, ie mets les poi 5, 5, chacun autant diſtant de ſon point 3, ſuperieur que le point 5, de la grande perpendiculaire 4.7, eſt éleué au deſſus de ſon poi. 3. Ce fait, de ces poi. 5, 5, (inferieurs aux poi. 3, 3, deſdites lig. perpendiculaires leuées ſur les poi. 1, 7, de la ligne de terre A D) ie tire deux lignes vers le point de veüe O, qui coupent aux poi. *d*, *i*, les perpendiculaires infinies leuées des points *d*, *i*, du plan Perſpectif. Et des poi. 3, 3, deux autres lignes au point O, qui coupent auſſi leſdites perpend. infinies és points *d*, *r*, & ſur ces perpend. au deſſus des grandeurs *d d*, *i i*, ie fais égales *d d*, *i i*, pour côtes du Dodecaëdre ſolide chacune dêquelles eſt commune à deux faces du ſolide ſçauoir la côte *d d*, à la face *d d c m n*, non apparente; & à la face *d d e f o*, apparente: Puis la côte *i i*, à la face *i i q l k*, non apparente; & à la face *i i p g h*, apparente.

Si l'on veut voir ce ſolide Dodecaëdre comme eſt veüe cette Orthographie, (c'eſt à dire que la côte *d d*, ou *i i*, ſoit leuée perpend. ſur le point *u*, de la ligne 4 *t* O, qui paſſe par le milieu du plan Perſpectif) il faut faire ſeruir cette Orthographie de plan Perſpectif, toute telle quelle eſt veüe, ſçauoir eſt que ſes côtez *a b r s*, ſoient ſur les plus prochaines lignes des côtez A *b* D *c*, du plan Perſpectif chacune coupée par les trauerſantes 3.3, 5.5, és poi. *, *, entre lêquelles ſoient les côtez *a b*, *r s*, & par conſequent la ligne *f l*, ou *g m*, de l'Orthographie tiendra la place de la ligne *u t*, du plan Perſpectif.

Le Curieux conſiderant attentiuement ce ſolide Dodecaëdre ainſi tranſparant, y connoiſtra aſſez clairement ſes douze faces, ſes trente côtés, ou arrêtes, & comme ſes ſoixante angles plans en compoſent vingt ſolides, ſçauoir trois angles plans pour chacun angle ſolide, comme pour exemple, l'angle ſolide *a*, compoſé des trois angles *b a c*, *e a p*, *p a b*, ou des trois côtes ſolides *b a*, *e a*, *p a*, & chacune côte commune à deux faces du ſolide Dodecaëdre.

Par

Le discours suiuant appartenant à la 25. & derniere Planche de cette 4me. Maniere, a esté oubliée, & la Planche n'a esté grauée, ny totalement suiuie selon l'Original; Ce que le Lecteur connoîtra clérement par ce discours.

LA premiere Figure de cette 25. Planche, est le plan Geometral, & Persp pour la seconde figure, de laquelle le plan Pers. estant fait, comme par les pratiques précedentes, i'ay crû que le Lecteur, qui auroit suffisãment leu les discours précedẽts, se pourroit ennuyer de tropt de répetition; c'est pourquoy ie m'en deporte, pour passer à l'explication de la composition de ce solide, composé de vingt triangles équilateraux, nõmé Icosaëdre, lequel d'vn de ses angles solides touche la ligne tirée du point *i* (qui est au milieu de l'arc, ou voûte B E C) au point de veuë O. A cette ligne *i* O, au point 1. est le premier angle solide, fait par les lignes 1. 2, 1. 3, 1. 4, 1. 5 (non tirée par le Graueur) 1. 6; ou par les cinq triangles 1. 2. 3; 1. 3. 4; 1. 4. 5; 1. 5. 6; 1. 6. 2: dêquels les bazes ensemble composent le Pentagóne régulier 2. 3. 4. 5. 6. paralléle à l'Horizon, & qui tire son origine du Pentagóne 2.3.4.5.6. du plan Pers. comme dénottent les Perpendiculaires 2. 2; 3. 3; 4. 4; 5. 5; 6. 6. &c. & les Perpendiculaires *b b*, *c c*, *d d*, *e e*, *f f*, dénottent aussi comme les cinq triangles inferieurs du solide, assemblé au point *a*, ou composans l'angle solide *a*, & opposés aux susdits supperieurs, tirent leur origine du Pentagóne Géometral, & régulier *bcdef*. (*Nottez que le Graueur a oublié de mettre sur le milieu de la ligne* A D *la lettre b, qui est sur la ligne* B C.) Ie n'ay point tracé sur le côté A D du Quarré Géometral A B C D de la premiere figure, comm'en la 9me 12. 13. & 16. Planche, son plan, ou Quarré Pers. mais sur le côté B C (comm'en la 20me. Planche) dans lequel plan Perspectif, ie n'ay tracé le circuit des images des deux Pentagónes du plan Géometral, comm'elles sont dans le plan Perspectif de la seconde figure, ny n'ay tiré des lignes de leurs angles au centre, pour auoir, auec moins de confusion, les points sur lesquels doiuent estre leuées les perpendiculaires au plan Perspectif, afin de dénotter les angles du solide.

Et quoy que dans ce solide, éleué sur ce plan Perspectif, les points ne soiẽt joints auec des lignes, neantmoins celuy qui aura tant soit peu connu l'ancienne Perspectiue, connoistra facilement d'où tirent leur origine les dix triangles *b c* 3, *b f* 2, 2 *b* 3, 3 *c* 4, *c* 4 *d*, *d* 4 5, 5 *d e*, *e* 5 6, 6 *e f*, *f* 6 2, qui composent cedit solide, considerant dans le plan Géometral les dix triangles, marquez de mesmes lettres & chifres.

En la seconde figure, sur la ligne *b i*, leuée perpendiculairement sur A D, est la ligne de l'Orthographie *g i*, qui estant diuisée és points *b*, *h*, ell'est composée des trois lignes *a b*, *b d*, *d e*, du plan Géometral.

Il faut notter que c'est par rencontre que le point h, de la ligne Orthographique g i, s'est trouué sur le côté 1. 3. *du Triangle* 1. 2. 3.

Ayant donc ainsi trouué cette ligne Orthographique *g i*, il faut tirer au point principal O, les lignes *g* O, *b* O, *h* O, *i* O, dêquelles la premiere, sçauoir *g* O, & la derniere, sçauoir *i* O, sont couppées és points *a*, 1, par la ligne *a* 1, leuée perpendiculairement sur le centre du plan Perspectif: Et la ligne *b* O, est couppée par les perpendiculaires *α α*, *β β*, és points, *α β*, pour tirer par iceux les lignes *c f*, *d e*, paralleles & égalles à celles du plan perspectif, & marquées de mesmes lettres, comme l'on les voit déterminées par les perpendiculaires *c c*, *f f*, *e e*, *d d*. Puis du point *a*, cy dessus trouué, tirant des lignes au points *b*, *c*, *d*, *e*, *f*, l'on a cinq triangles qui composent l'angle solide *a*. Et pour auoir l'angle solide 1, ayant tiré la ligne *h* O, elle sera couppée par les perpendiculaires *γ γ*, *δ δ*, 5 5, és points *γ*, *δ*, 5, par deux dêquels, sçauoir est par *γ*, *δ*, sont tirées les lignes 3. 2; 4. 6, paralleles & égales à celles du plan perspectif, comme dénottent les perpendiculaires 2. 2; 3. 3; 4. 4: 6. 6: Et du point 1, tirant des lignes aux points 2, 3, 4, l'on aura l'angle solide requis.

LAVS DEO TRINO ET VNI.

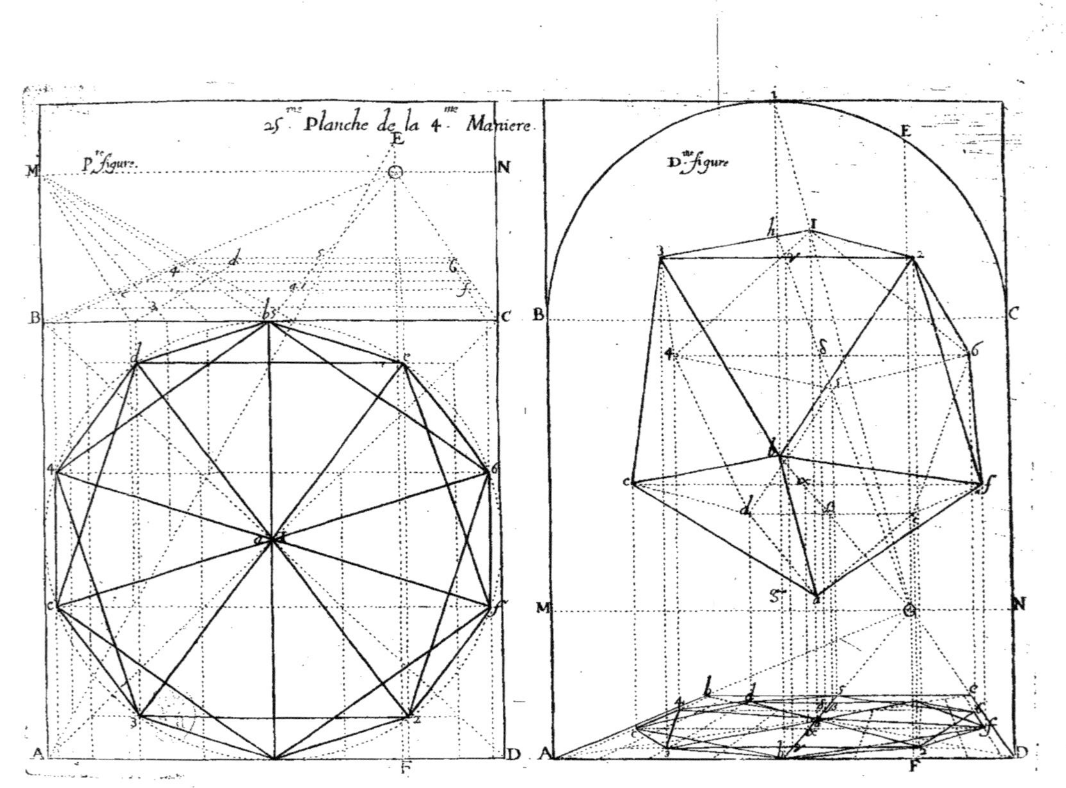
25me Planche de la 4me Maniere.
Pre figure.
Dme figure
M
N
E
B
C
A
D
F

Par chacune de mes quatre manieres de Perſpectiue i'ay donné la façon de trouuer ſur le tableau la Perſpectiue, ou l'image de quelque point qu'on y deſirera repreſenter ; ou qu'il ſoit donné dans le plan Geometral compris dans l'enclos du tableau (lequel plan Geometral eſt naturellement horizontal) : ou que ce point ſoit donné éleué en l'air hors iceluy plan. I'ay auſſi donné la façon de tirer ſur le tableau les images de toutes lignes droites qui peuuent être propoſées en l'objet ; & par conſequent de mettre en Perſpectiue toute figure rectiligne, ſoit ſuperficiere, ſoit ſolide : De ſorte que ſans donner l'exemple du Tetraëdre, ny autres ſuiuans (que i'ay tracez tout exprés & à deſſein, pour le contentement du Curieux ſpeculatif) l'on peut, par ce qui en a eſté declaré cy-deſſus, mettre facilement tous objets en Perſpectiue, laquelle ne conſiſte qu'en points & lignes tirées de leur plan Geometral & bien iuſtement reduites.

POVR TAILLER LES CINQ CORPS reguliers de Geometrie.

APRES cette pratique de reduction en Perspectiue des cinq corps reguliers de Geometrie, ie donne cy-dessous celle de la taille, & coupe de pierre, ou bois, pour en faire quatre de ces cinq corps seulement, & quelques autres qui ne sont reguliers pour seruir à ceux qui entendent la Gnomonique, ou pratique des quadrans au Soleil, pour ce qui est du deuxiéme qui est le Cube ie m'en deporte pour sa trop grande facilité.

Icy la premiere planche.

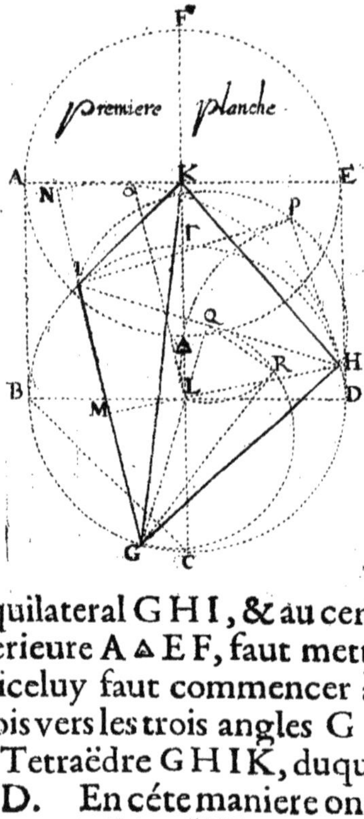

IE commence premierement par le Tetraëdre, qui est le premier corps regulier composé de quatre faces triangulaires, equilateres, ou equiangulaires. I'en donne l'inuention par deux manieres, ou pratiques, sçauoir par le Cylindre, & par le Prisme, qui aye pour base le triangle equilateral. Par la premiere il faut faire vn Cylindre, comme est cétuy cy noté par A B C D E F Γ Δ, dont la hauteur A B, ou E D, ou F Γ, ou Δ C, soit égale à la ligne B C, corde de l'arc B G C, c'est à dire du quart de la peripherie de la baze inferieure B C D Γ, du Cylindre. En céte baze faut inscrire le triangle equilateral G H I, & au centre de la baze, ou face circulaire superieure A Δ E F, faut mettre K, pour conseruer ce centre, & d'iceluy faut commencer à décharger, ou couper la pierre, ou bois vers les trois angles G H I, du triangle : ce faisant l'on aura le Tetraëdre G H I K, duquel la hauteur K L, est égale à A B, ou E D. En céte maniere on ne sort point de la baze du Cylindre, dont a eſté tiré le Tetraëdre, duquel ie trouue la hauteur Geometriquement par trois autres façons, dêquelles i'en laiſſe la preuue aux doctes Geometres. Par la premiere (aprés que i'ay diuiſé le côté G I, du triangle G I H, par la moitié au poi. M, & d'iceluy tiré la ligne M H) ie produis le demy côté M I, juſques au point N, faiſant M N, égale à M H, pour auoir le quart de cercle N H, auquel du centre L, dudit triangle, ie tire L O, parallele à M N, & ainſi la ligne L O, eſt la hauteur requiſe. Par la ſeconde façon ie décris ſur H I, le demy cercle, ou demie peripherie H P I, & du point H, pour centre, interual H L, ie décris l'arc L P, qui rencontre la demie peripherie au point P, & du point I, tirant la ligne I P, elle eſt la hauteur requiſe. Par la troiſiéme façon ie diuiſe le côté I H, du triangle egalement au point Q, duquel ie tire Q G, pour ſur icelle décrire la demie peripherie Q R G. Puis du point Q, comme centre, interual Q L, ie décris l'arc L R, qui rencontre la demie peripherie au point R, & de l'angle G, du triangle au point R, ie tire G R, qui eſt la hauteur requiſe.

Icy la deuxiéme planche

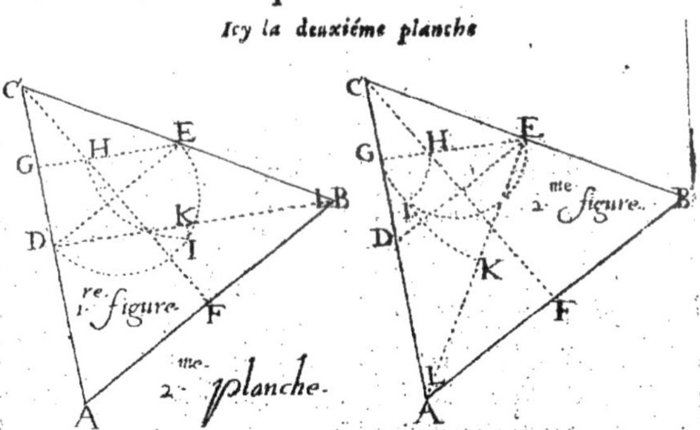

POVR ma ſeconde maniere ie fais vn Priſme triangulaire, qui a pour baze le triangle equilateral, qui doit eſtre la baze de mon Tetraëdre requis. A ce Priſme ie donne pour hauteur la meſme que doit auoir mon Tetraëdre, laquelle hauteur ie trouueray comme deſſus, auparauant que de tailler ledit Priſme, & ce au cas que i'aye de la pierre, ou bois ſuffiſamment tant pour hauteur que pour largeur. Mais ſi ledit Priſme triangulaire m'eſt ſeulement donné, & plus haut que la hauteur naturelle du Tetraëdre, pour conuertir iceluy Priſme en Tetraëdre : alors i'en trouue la hauteur par deux differentes pratiques ſans ſortir de la face triangulaire comme s'ensuit : Ie diuise par la moitié les côtez A C, B C, du triangle equilateral A B C, de la premiere figure és points D, E, & sur la ligne D E, ie décris la demiperipherie D I E. Ie diuise semblablement le côté A B, par la moitié au point F, auquel du point C, ie tire C F, & diuise C D, par la moitié au point G, auquel du poi. E, ie tire E G, qui coupe C F, au point H, centre du triangle C D E. Ce fait, du poi. E, comme centre, & de l'interual E H, ie décris l'arc H I; & aprés auoir tiré B D, du point D, comme centre, & de l'interual D I, ie décris l'arc I K, qui rencontrant la ligne D K, au point K, me donne D K, moitié de la hauteur requise. Finalement à D K, faisant égale K L, i'ay D L, pour l'entiere hauteur du Tetraëdre requis. Par la seconde pratique ie diuise semblablement par la moitié les trois côtez A B, B C, C A, du triangle equilateral A B C, de la seconde figure és points F, E, D, & ayant tiré les lignes E A, E D, ie diuise aussi C D, par la moitié au point G, auquel du point E, ie tire E G, sur laquelle ie décris la demiperipherie E I G. Puis ie tire la ligne C F, qui coupant la ligne E G, me donne le point H, pour centre du triangle C D E. En aprés du point G, comme centre, interual G H, ie décris l'arc H I, & du poi. E, comme centre, de l'interual E I, ie décris l'arc I K, qui rencontrant A E, au point K, me donne E K, pour la moitié de la hauteur requise, à laquelle faisant égale K L, i'ay E L, pour la hauteur entiere du Tetraëdre.

Ie laisse le second corps regulier qui est le Cube, pource qu'il est assez facile pour venir à l'Octoëdre qui est le troisiéme en l'ordre des cinq corps reguliers de Geometrie.

Icy la troisiéme planche.

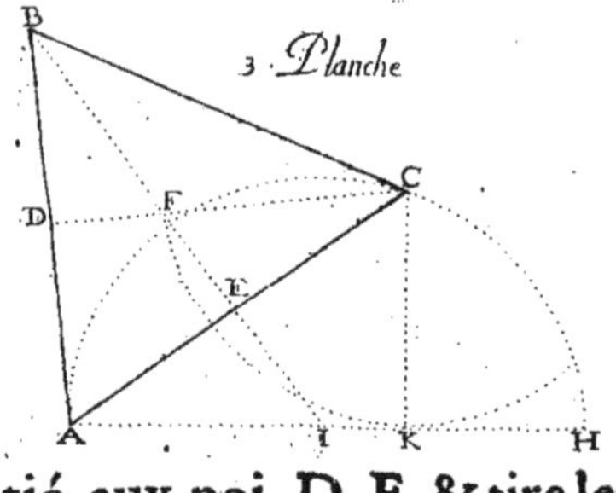

EVCLIDE donne l'inuention de la hauteur, & de la baze du Tetraëdre par la proposition 13. du 13. Liure de ses Elemens; à laquelle inuention i'adiouste ce que s'ensuit : Soit le triangle equilateral A B C, baze d'vn Tetraëdre à construire : de ce triangle i'en diuise les côtez A B, A C, chacun par la moitié, aux poi. D, E, & tire les lignes D C, B E, s'entrecoupans au centre F, du triangle. Puis de la distance F C, ie fais l'arc F K G, indeterminément, & tire la ligne A H, infinie tangente ledit cercle, ſur laquelle, du point C, ie laiſſe tomber vne perpend. au point K. Pareillement céte ligne A H, ſera terminée par la ligne C H, perpendiculaire ſur A C, & ie diuiſe par la moitié céte ligne A H, au point I, produiſant la ligne B E, iuſques à ce point I, duquel comme centre interual I A, ie fais le demy cercle A C H. Céte figure ainſi conſtruite i'y trouue A K, hauteur du Tetraëdre à conſtruire, pour eſtre icelle A K, leuée perpendiculairement ſur le centre F, du triangle A B C, baze du Tetraëdre requis.

Icy la quatriéme planche.

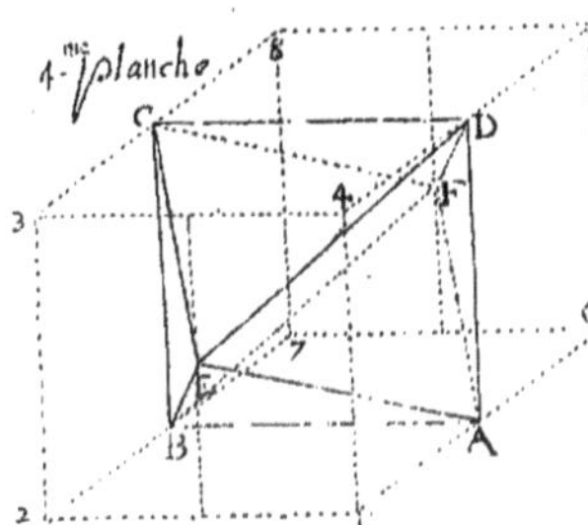

POVR auoir donc cét Octoëdre A B C D E F, comme vous voiez en céte quatriéme planche le Cube 1. 2. 3. 4. 5. 6. 7. 8, ou ſelon les Geometres 1. 8; car ſi du point 1, au point 8, on tire vne ligne elle ſera ſurdiagonale du Cube, lequel pour mieux faire connoître & en rendre parfaite la taille, ou coupe, il en faut connoître les trois faces apparentes oppoſées aux trois qui ne le ſont point. Il faut donc conſiderer que la face veüe 1. 2. 3. 4, eſt oppoſée à la non veüe 5. 6. 7. 8: la face veüe 1. 4. 5. 6, eſt oppoſée à la non veüe 2. 3. 8. 7 : & la face veüe ſuperieure 3. 4. 5. 8, à la non veüe inferieure 1. 2. 7. 6. En taillant ce Cube ſi ces ſix point A, B, C, D, E, F, ſont bien conſeruez en déchargeant, ou diminuant peu à peu la pierre, ou le bois, pour appliquer la regle ſur deux point enſemble, comme ſur A, B; B, E; E, A; &c. l'on aura l'Octoëdre requis. Si l'on le veut auoir par le Cylindre, ſa hauteur, & largeur doiuent eſtre égales.

Pour ce qui eſt du quatriéme corps regulier, qui ſe nomme Dodecaëdre, voyez la propoſition dix-neufiéme du traité d'horlogiographie du P. de Sainte M. M. Feuillant, où il montre la maniere de tailler le Dodecaëdre par deux moyens; ſçauoir par le Cube, & par le Cylindre. Et premierement par le moyen du Cube.

Icy la cinquiéme planche.

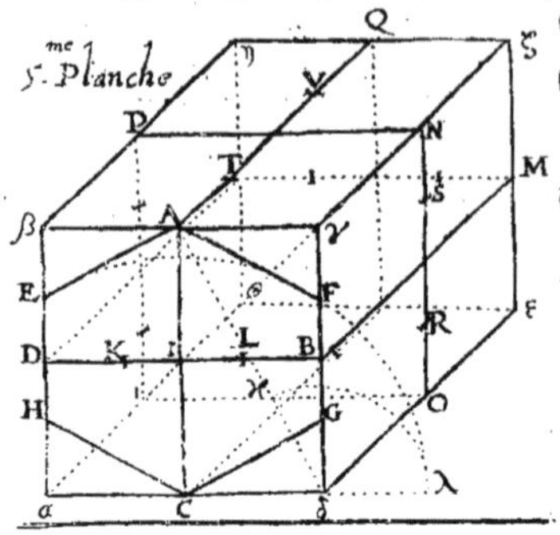

SVPPOSE' donc que cette masse, & corps de pierre soit formé en Cube parfait, l'on diuisera les quatre côtez de la face A B C D, en quatre également par deux diametres A C, D B : Et du point A, sera décrit l'angle E A F, contenant 116. parties, & 34. minutes de telles parties, dont le quart de cercle en comprend 90. Pareil angle sera fait au point C, opposé au point A. Pour la commodité des Artisans qui n'auroient vn demy cercle bien exactement diuisé en 180. degrez & en minutes pour y prendre l'angle de 116. degrez & 34. minutes comme en céte cinquiéme planche, l'angle E A F, ie le donne mechaniquement comme s'ensuit. Ayant fait le quarré $\alpha \beta \gamma \delta$, ie tire sa diagonale $\alpha \gamma$, & la produis iusques à ζ, en sorte que $\gamma \zeta$, soit égale à $\gamma \delta$, côté d'iceluy quarré ; à ce côté ie fais égale & parallele la ligne $\zeta \epsilon$, pour accomplir le Rhombe, ou Losange $\gamma \delta \epsilon \zeta$. Et pour auoir plus facilement son opposée $\alpha \beta \eta \theta$, qui luy soit égale, & parallele, ie fais le quarré $\epsilon \zeta \eta \theta$, parallele, & égal au premier quarré $\alpha \beta \gamma \delta$. Ce fait, ie diuise $\alpha \theta$, par la moitié au point ι, duquel au milieu de $\delta \epsilon$ (sçauoir au point O) ie tire vne ligne que ie coupe par la ligne A δ, au point $\varkappa$; Finalement du poi. δ, comme centre, interual $\delta \varkappa$, (aprés auoir produit le côté $\alpha \delta$, vers δ) ie décris l'arc $\varkappa \lambda$; & du point C, comme centre, interual C λ, ie décris l'arc E F λ, pour couper les côtez $\alpha \beta$, $\delta \gamma$, és points E, F ; & d'iceux tirant deux lignes au poi. A, i'ay l'angle requis E A F.

La distance A E, est la perpend. qui passe par le centre du Dodecaëdre : la longueur de chaque côté d'iceluy est E H, ou F G, laquelle longueur sera mise sur le diametre B D, en telle sorte que les extremitez, sçauoir K, L, soient également distantes de l'intersection I. La mesme operation sera pratiquée sur les autres surfaces, tirant deux diametres A Q, N P : B M, N O ; & en mettant céte longueur E H, de chacun des côtez (du Dodecaëdre à construire) de part, & d'autre des intersections, ainsi qu'on voit R S, T V, prenant garde à les mettre sur les diametres qui sont perpẽdiculaires les vns aux autres, comme sont les diametres NO, AQ, perpendiculaires entr'eux, & au Diametre BD. Le mesme se pratiquera sur les trois autres surfaces qui sont opposées à ces trois icy, & qu'on ne peut representer en Perspectiue. Cela estant fait on retranchera toute la pierre du long de ses diametres iusques aux extremitez des côtez, comme depuis, & tout le long du diametre NO, tirant, & taillant en ligne droite iusques à la surface, & point L, qui est l'vne des extremitez du côté : de mesme l'on retranchera tout le long du diametre AQ, allant droit au point S : & encores tout le long du diametre BD, iusques à la surface, & point T : les autres faces se tailleront de mesme. Cette oporation faite, le corps Dodecaëdre regulier se trouuera parfait en ses 12. pans, & surfaces toutes égales, & pentagones : Mais pour faciliter l'imagination de l'Ouurier, ie croy qu'il deuroit auoir vn de ces corps fait de carton, ou planches de bois bien colées, afin de mieux se representer les angles, & les côtez qu'il faut retrancher.

Icy la sixiéme planche.

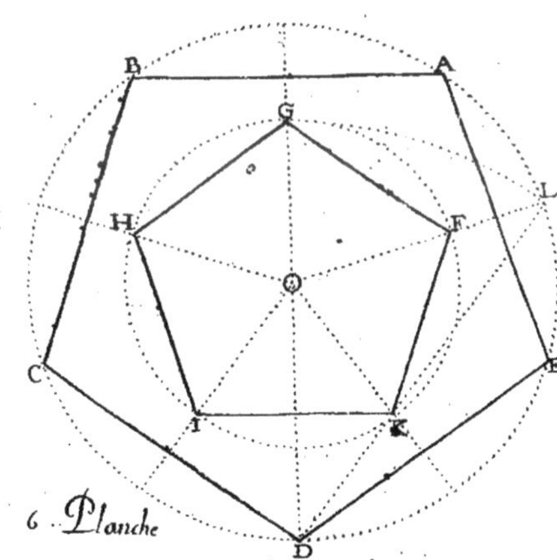

6 Planche

LA seconde methode par le moien du Cylindre est telle. Ayant premierement applany, & dégauchy vn côté de la pierre, du centre O, soit décrit vn cercle selon la grosseur de la pierre, ou Dodecaëdre qu'on desire faire, ce cercle soit diuisé en dix parties égales, & le compas demeurant ouuert d'vn $\frac{1}{10}$ comme de la distance AL, soit inscrit du mesme centre O, vn autre cercle qu'il faut aussi diuiser en dix, & ce facilement, en tirant du centre des lignes effaçables aux premieres diuisions du grand cercle : Sur ces deux cercles on tracera les figures pentagones ABCDE, & FGHIK : puis en ôtant toute la pierre à l'entour du grand cercle ABCDE, à angles droits, & perpendiculairement à la surface, ce corps & masse sera reduite en forme Cylindrique. La perpendiculaire, ou hauteur du Cylindre sera depuis G, iusques à D, qui est la mesme distance de la corde DL, de l'arc DEL, contenant trois diuiſions du grand cercle, & à la fin de céte hauteur on coupera le reſte de la pierre Cylindrique : la hauteur de chaque côté eſt F G. Cela eſtant preparé l'on tracera ſur l'autre ſurface oppoſée & derniere coupée, parallele à la premiere, les deux cercles, & les diuiſions d'égale diſtance, toutefois en telle ſorte que les angles d'vne face, & baze pentagone ſoient perpendiculaires & tombent au milieu des côtez de l'autre figure pentagone en l'autre face, & baze, comme l'on voit en céte figure, où la pointe, & angle A, du grand cercle viſe droit au milieu du côté G F, du petit cercle, & ainſi la pointe F, du petit tombe à plomb ſur le côté A E, du grand cercle ; il en ſera de meſme des autres ; prenant garde que le centre d'vne baze tombe directement ſur l'autre centre de l'autre baze, & que les cercles ſoient égaux. L'Icoſaëdre eſt vn autre corps regulier compoſé de vingt faces triangulaires, equilateres. Sa coupure eſt ſemblable à la precedente du Dodecaëdre, ſçauoir, ou par le moyen du Cube, ou du Cylindre.

Le Cube eſtant fait l'on décris ſur les pans coupez par deux diametres l'angle de 138. degrez 12. minutes, au lieu qu'au corps precedant l'on a fait l'angle ſeulement de 118. degrez, 34. minutes : le reſte de l'operation ſe continüe comme au precedent Dodecaëdre ; excepté de plus, qu'aprés auoir retranché toute la pierre au long des diametres iuſques aux extremitez des côtez il demeure vn angle ſolide qui doit eſtre auſſi coupé auec tous les autres, dont il en reſulte des triangles égaux à toutes les autres ſurfaces triangulaires.

Explication de la ſeptiéme planche.

POVR tailler auſſi l'Icoſaëdre par le moyen du Cylindre, il faut que ſa hauteur ſoit du demy diametre d'vne de ſes deux faces circulaires, & de deux dixiémes de l'vne, ou de l'autre d'icelles faces, dont la ſuperieure en céte figure eſt marquée de 10 *, & ſon centre eſt 1. L'inferieure eſt marquée de 10 ✠, & ſon centre eſt *a*, ſur lequel eſt leuée la perpendiculaire *a* 1, diuiſée és points *α*, *β*, ſelon le requis ; ſçauoir *a* *α*, & 1 *β*, chacune égale à $\frac{1}{10}$ d'vne des faces (comme a eſté dit) & la partie du milieu de céte hauteur *a* 1, eſt *α* *β*, égale au demy diametre de l'vn, ou de l'autre d'icelles faces. Ce que i'ay declaré de céte hauteur *a* 1, n'eſt que pour la conſtruction de la figure : & les points

α, *β*,

Icy la ſeptiéme planche.

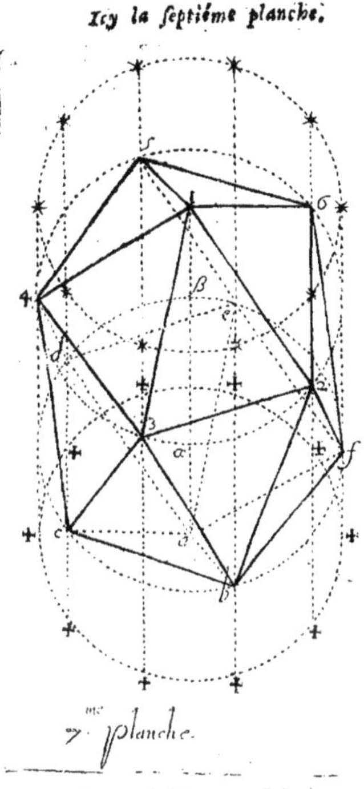

a, *β*, qui ſont ſur céte ligne *a* 1, doiuent eſtre entendus tracez ſur l'vne ou l'autre des dix perpendiculaires * ✠, chacune égale à icelle hauteur *a* 1, pour tracer ſur icelles (ainſi diſpoſées ſur le Cylindre) auec vne regle qu'on puiſſe ployer autour du Cylindre deux cercles equidiſtans, l'vn marqué de lettres, l'autre de chifres, & chacun autant élongné des deux premiers que chacune *, ou ✠, eſt éloignée l'vne de l'autre ; comme vous voyez *b* ✠, *c* ✠, &c. 2. *, 3. *, &c. chacune égale à $\frac{1}{10}$ de l'vn ou de l'autre cercle ſuperieur ou inferieur. Ces poi. autour du Cylindre, & aux deux bouts d'iceluy notez de lettres, & chifres eſtãt bien épargnez, en le déchargeant, reſtera vn Icoſaëdre parfait, comme vous le voyez, dont les faces apparentes ſont 1.2.3 : 1.3.4 : 1.5.6 : 1.6.2 : 6*f*2 : 2*fb* : *b*2.3 : 3*bc* : *c*34. Et les non apparentes ſont *abc* : *acd* : *ade* : *aef* : *afb* : *c*4*d* : *d*4.5 : 5*de* : *e*5.6 : 6*ef*. La pratique ſuiuante de la taille des deux corps irreguliers cy-deſſous eſt encor du P. Feüillant.

Icy la huitiéme planche.

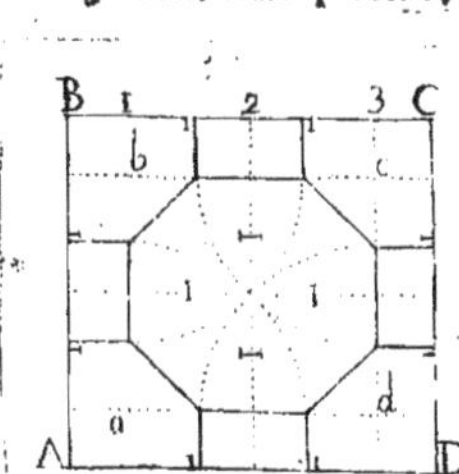

CETTE figure eſt la face d'vn Cube duquel on conſtruit vn corps à 26. faces, dont les ſix ſont Octogones, & les huit ſont Hexagones, & les 12. qui reſtẽt ſont quarrées. On le taillera en céte ſorte. Le Cube preparé, on diuiſera les quatre côtez de l'vne de ſes faces en deux parties par deux diametres ; châque diametre ſera diuiſé en 18. parties égales, dêquelles l'on en prendra 12. pour inſcrire vn Octogone par le moyen d'vn cercle inſcrit en iceluy, ouurant le compas de l'interſection des deux diametres iuſques à ſix parties d'vn côté, & d'autre : Les trois parties du diametre qui reſtent aux côtez de l'Octogone ſeruiront pour les moitiés des quarrez, qui ſe ioignent audit Octogone : les autres moitiés ne ſe peuuent voir en la figure. Puis ayant diuiſé les autres cinq faces du Cube, & retranché la pierre, ou bois depuis vn côté iuſques à l'autre des Octogones en droite ligne tendant à la surface, le corps se trouuera parfait. La maniere suiuante dont ie me sers me semble plus expeditiue que celle dudit P. pour n'auoir tant de mesures à faire. Ie diuise en trois parties égales chacun coté du quarré ABCD, & les voisines des quatre angles par la moitié, & aux quatre côtez du quarré ie tire quatre paralleles qui s'entrecoupent és points *a*, *b*, *c*, *d*, qui ne seruent de centres pour faire l'Octogone, &c.

Icy la neufiéme planche.

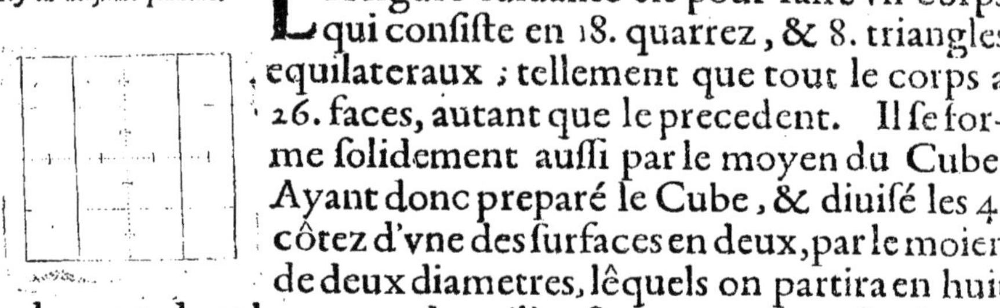

LA figure suiuante est pour faire vn corps qui consiste en 18. quarrez, & 8. triangles equilateraux; tellement que tout le corps a 26. faces, autant que le precedent. Il se forme solidement aussi par le moyen du Cube. Ayant donc preparé le Cube, & diuisé les 4. côtez d'vne des surfaces en deux, par le moien de deux diametres, lêquels on partira en huit egalement, dont les quatre du milieu seront pour construire vn quarré, & les deux parties qui restent aux côtez dudit quarré seruiront pour chaque demy quarré: & puis ayant retranché, & coupé la pierre, ou bois, d'vn côté à l'autre iusques aux surfaces, l'on aura le corps parfait.

LAVS DEO TRINO ET VNO.

L'azur de ce Blason, le feu, les trois Estoilles
Denotent que l'Autheur de cette Perspectiue,
Dirige ses pensées vers l'Autheur des Etoiles
Qui est le vray objet de vraye Perspectiue.

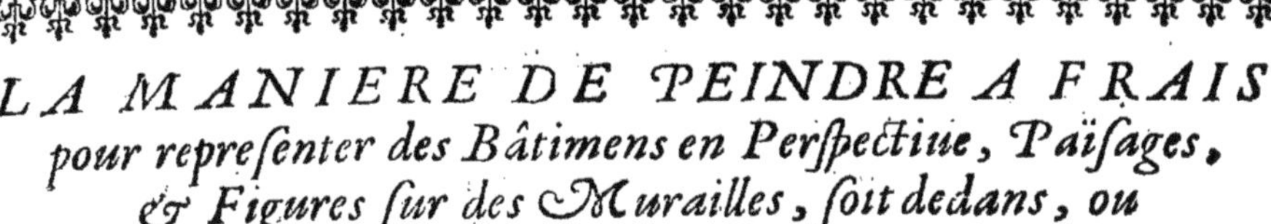

LA MANIERE DE PEINDRE A FRAIS pour representer des Bâtimens en Perspectiue, Païsages, & Figures sur des Murailles, soit dedans, ou dehors des Galleries.

C'EST la façon de peindre la plus belle, la plus prompte, & durable de toutes, & qui requiert vne main & vn dessein de Maistre tres-expert & hardy.

Peindre à frais, c'est peindre sur vn mur fraichement enduit; & ce qui rend cette maniere si prompte, c'est qu'il faut trauailler lors que l'enduit est frais, car le retoucher à sec ne vaut rien (si ce n'est pourtant par le moyen de la detrempe.) Et ce qui rend cette maniere de peindre plus durable qu'à l'huile, c'est que le mortier, en seichant, fait vn cyment en sa superficie, qui vnit à soy toutes les couleurs; se lie & se conjoinct auec elles: partant elles doiuent estre proportionnés auec le mortier, ou enduit, assauoir toutes de terres naturelles, & ne faut se seruir d'aucunes couleurs artificielles.

Faut auant toutes choses préparer le mur bien à point, qu'il soit crespy, & enduit fort égallement, & à la reigle. Le premier mortier sera de bonne chaux, & sable grossier, & assez gras, qui remplisse toutes les fosses, & l'inégalité du mur. Le second mortier doit être fait auec de bon sable vif, mais assez délié, & fort maigre de chaux, afin qu'il ne se fende, ou déjarce: Et aprez l'auoir êtendu auec la truelle, faut passer le boucler par dessus; car estant ainsi vny, droit, & égal, il en prend bien mieux la couleur.

Lors que l'on desirera peindre quelque Perspectiue dans vn iardin contre quelque vieille muraille, & demy pourrie, ou il la faut refaire, ou l'erusser de la largeur d'vne brique pour la briquer, & enduire ce briquage, à fin que le labeur en soit plus beau, & lequel seichera plus égallement; & l'œuure en sera plus durable, moyennant que cette vieille muraille, ainsi radoubée, ou briquée, soit couuerte par le haut, en telle sorte que la pluie ne continuë plus de pourrir cette vieille muraille, pource qu'à l'hyuer l'excessiue humidité interne seroit cause que l'incrustation, ou enduit, gelleroit, & tomberoit au dégel: voila quant à la préparation du mur, ou muraille.

Pour les couleurs, & premierement pour le blanc, qui doit seruir à rehausser chacune couleur, ou pour estre employé seul, le meilleur est le marbre blanc, broyé auec la laictance, ou eau de chaux, & aussi toutes les autres couleurs de terres & croyes: Quelques-vns, au defaut du marbre, se seruent de croyes de Reims en Champagne, ou de chaux fusée quelque temps au parauant que de l'employer.

Pour le Iaune, l'Ocre de Berry est le meilleur, rehaussé auec Marbre Blanc, & ombragé auec Emery jaune brun, tirant sur la couleur de rouge brun: ou Ocre de Rut, & terre d'Ombre calcinée, melée auec de la pierre noire d'Alençon, ou charbon de terre, duquel se seruent les Mareschaux, & ce pour le dernier ombre, ou renfoncement.

Pour le rouge, le meilleur est l'Ocre de Berry calciné, qu'on nôme rouge brun: Et pource que l'on trouue des croyes ou terres rouges de diuerses sortes, l'on produit aussi diuers effets de couleurs rouges, en les mélangeant; chacune dêquelles doit être semblablement rehaussée de Marbre blanc, ou de Marbre varié de rouge pâle (qui se trouue és enuirons de la Ville de Laual de la Prouince du Mayne) lequel étant broyé fait couleur claire de carnation, & l'ombre de cette draperie se fait auec de la pierre noire d'Alençon, ou charbon de terre. Il n'y a pas long temps que l'on a trouué en Canada vn rouge brun en pierre dure, & pesante comme l'Emery; sa couleur reuient à la l'âcque brune.

Pour le Noir, la pierre noire d'Alençon, ou le charbon de terre rehaussé auec Marbre blanc broyé, & emploié auec laictance de chaux, ou plutôst l'eau de chaux fussée. Nous n'auons plus de ce noir, duquel Raphaël d'Vrbin se seruoit à peindre à frais, & auec lequel il faisoit les ombres aussi obscurs comme l'on peut faire auec de l'huyle.

Pour le Tanné, la terre d'ombre calcinée, rehaussée de Marbre de Laual, & ombrée de terre d'ombre aussi calcinée; puis de pierre noire d'Alençon, ou de charbon de terre. Au lieu de terre d'ombre, le Rouge brun auec du noir, rehauſſé comme cy deſſus, fait meilleur effet.

L'Argile grize, ou de quelqu'autre couleur, & toutes ſortes de croyes peuuent ſeruir à cette maniere de peindre à frais.

Le Bleu ſe fait auec toutes ſortes d'Azurs, ſoit de roche, ou d'émail, ou cendre d'Azur : Leſquels Azurs ſont employés par quelques-vns auec du laict doux de vache, ou brebis, qu'il faut employer promptement, de peur qu'il ne ſe caille, & qu'il ne cauſe de l'empeſchement au labeur. Le meilleur Azur de tous eſt celuy qu'on nomme d'outre-mer, pource que l'inuention nous en eſt venüe de Turquie, & ce fait auec le Lapis Lazuli, lequel broyé tout pur, ſans paſſer par le cyment, ſert pour le païſage ; car c'eſt vn Bleu ſale, different de celuy qui ſort du cyment, & qui eſt de beaucoup plus vif, & ſert auſſi pour les airs & pour les draperies.

Pour le Verd, on ſe ſert, ou de celuy de terre de Montagne, ou d'azur verd, ou verd de terre de Hongrie, ou de verd de terre de Florence, & châcun de ces verds doit eſtre rehauſſé auec du Marbre blanc, & de l'Ocre de Berry : l'Ombre ſe fait auec de la pierre noire d'Alençon, ou charbon de terre. Par cette maniere de peindre, l'on ne peut faire de ſi beau verd comm'à l'huyle, ou à la détrempe, parce qu'il meurt.

Pour le Violet, il y a vne couleur en Piémont, que l'on nomme Morel, laquelle fait aucunement l'effect de la Lacque, & Violet obſcur. Le Rouge brun de Canada, ou d'Angleterre, ou d'Auxerre, fait preſque le méme effect. Châcune de ces couleurs mêlée auec de l'Azur, ou Email, fait violet, rehauſſé auec du Marbre de Laual, & r'enfonſé, ou ombré de pierre noire d'Alençon.

Pource qui eſt des autres couleurs artificiéles, comme l'Inde; Tourne ſort; Vermeillon; Mine (excepté celle de Plomb, ou crayõ de Mine) Lacque; verd de Veſſie, ou verd de graine meure de Nerprun; verd de Gris; Stic, ou Schel de grun; Ceruze, ou blanc de Plomb; Orpin, & ſemblabes qui ont antipatie auec la chaux, ne vallent du tout rien pour cette Maniere de peindre à frais.

Pour broyer toutes les ſuſdites couleurs propres à cette Maniere, il ne faut premierement que de l'eau: Et lors que l'on est prest de les employer, il les faut démêler auec de l'eau de chaux fuzée, ou reposée quelques iours auparauant. Au lieu de cette eau de chaux, quelques-vns démélent ces couleurs auec de l'eau de laict de vache, ou brebis.

Les Pinçeaux doiuent être differens de ceux, auec lêquels on peint à l'huyle, ou à la détrempe: Ils doiuent estre de poil de Porc noir de Hõgrie, mollets, doux, droits & longs nõ de toute l'ētēduë du poil; car ils contiennent plus de couleur pour satisfaire à ce que le mur attire, & en boit, pour rafraichir le mortier, sur lequel l'on doit peindre le plus promptement que l'on pourra: Et pour ce faire, faut auoir son dessein tout prest sur du papier, pour le calquer auec la hampe pointuë d'vn pinçeau.

Il faut notter que les couleurs en séchant se blanchissent, sauf le Rouge brun, lequel noircît plûtôt que de blanchir. La pratique & l'experience sont les maîtresses de cette maniere de peindre. Il se faut seruir d'écuelles de bois, pour n'être si facilement rompuës que celles de terre. Il ne faut enduire que ce que l'on veut acheuer sur le champ, ou du moins le méme iour, pour n'auoir la peine de deffaire l'enduy, auquel on auroit laissé le loisir de se sécher par trop. Il seroit à propos, qu'ayant affaire vne figure, l'on l'a fit tout promptement, & de suitte, étant mal-aisé que la reprise ne parût, tant en l'enduit, qu'aux couleurs.

Ayant à faire quelque grande representatiõ d'Architecture en Pers. de couleur de pierre de taille, ou autremēt, il faut faire le mélange des couleurs tout à la fois, & aussi les diuers ombrages, afin que l'ouurage soit vniforme en séchant.

Auparauant que d'enduire le mur, il le faut moüiller, tant afin que l'enduit s'y attache mieux, qu'à fin qu'il ne séche pas, pour auoir le loisir de mieux trauailler: Et au cas qu'il fit trop chaut, on peut moüiller l'enduit; ou méme lors du repas, il faut le couurir d'vn linge moüillé.

La durée de cette peinture à frais, est autant que l'enduit demeure sur le mur, ou muraille.

LAVS DEO TRINO ET VNI.

PRIVILEGE DV ROY.

LOVIS PAR LA GRACE DE DIEV ROY DE FRANCE ET DE NAVARRE. A Nos Amez & feaux Conseillers les Gens tenans nos Cours de Parlement, Maistres des Requestes ordinaires de nostre Hostel, Baillifs, Seneschaux, leurs Lieutenans & autres nos Officiers qu'il appartiendra, Salut. Nostre bien Amé Imprimeur & Libraire ordinaire étably par les Roys nos Predecesseurs en Nostre Ville & proche Nostre College de la Fleche GEORGE GRIVEAV, Nous a fait remonstrer qu'il auoit recouuert vn Liure intitulé *Inuention Nouuelle & briefue pour reduire en Perspectiue par le moien du quarré toutes sortes de plans, & corps, comme edifices, meubles, &c. sans se seruir d'autres poincts, soit tiers, ou accidentaux, que de ceux qui peuuent tomber dans le tableau, & sans autres dessein que sur iceluy auec peu de nombres, ou mesures, & transports, & ce par quatre differentes manieres. Composé par RENE' GAVLTIER Sieur de Maignannes Angeuin.* Ce qu'il n'a peu faire sans vne notable despense dont il espere se rembourser, & se maintenir dans l'establissement qu'il a fait en Nostredite Ville de la Fleche, s'il nous plaisoit luy accorder la permission de debiter seul ledit Liure: & surce nos Lettres ordinaires. A CES CAVSES desirant fauorablement traiter ledit Exposant, Nous luy auons permis & accordé, & par ces presentes permettons & accordons d'Imprimer ou faire Imprimer vendre & debiter ledit Liure pendant le temps de dix ans, à compter du iour que ledit Liure sera acheué d'Imprimer, durant lequel temps Nous faisons tres-expresses deffēces à tous Libraires, Imprimeurs & autres d'Imprimer, ou faire Imprimer, vendre ny distribuer ledit Liure, sous pretexte d'augmentation, changement, ny autrement, en quelque sorte & maniere que ce soit, sans le consentemēt exprés dudit Exposant, à peine de deux mil liures d'amende, confiscation des Exemplaires qui seront trouuez auoir esté Imprimez, & de tous despens, dommages & interests dudit Exposant. Voulons que contre ceux qui seront trouuez saisis desdits Exemplaires contrefaits, il soit procedé comme s'ils les auoiēt eux mesmes Imprimez, à la charge qu'il en sera mis deux Exemplaires en Nostre Bibliotheque publique, & vn en celle de Nostre tres-cher & feal le Sieur SEGVIER, Cheualier, Chancelier de France, auant que de les exposer en vente, à peine de demeurer décheu de cette presente grace. Et vous mandons que du contenu en ces presentes vous ayez à faire ioüir ledit Exposant plainemēt & paisiblement, sans souffrir qu'il luy soit fait, mis, ny donné aucun trouble, au contraire; Voulons que mettant au commencement ou à la fin desdits Liures vn extrait de la presente Permission ou copie d'icelle, elle soit tenuë pour deüement signifiée. MANDONS & commandons au premier Nostre Huissier ou Sergent sur ce requis, faire pour l'execution des presentes tous exploits necessaires, sans pource demander autre permission, & ce nonobstant Clameur de Haro, Chartre, Normande, & autres Lettres à ce contraires. CAR TEL est Nostre plaisir. DONNE' à Paris le vingt-neufiéme iour d'Octobre l'An de grace mil six cens quarante-six, & de Nostre Regne le quatriéme. Signé, Par le Roy en son Conseil.

VIGNERON.

Acheué d'Imprimer le premier iour de Iuin mil six cens quarante-huit.

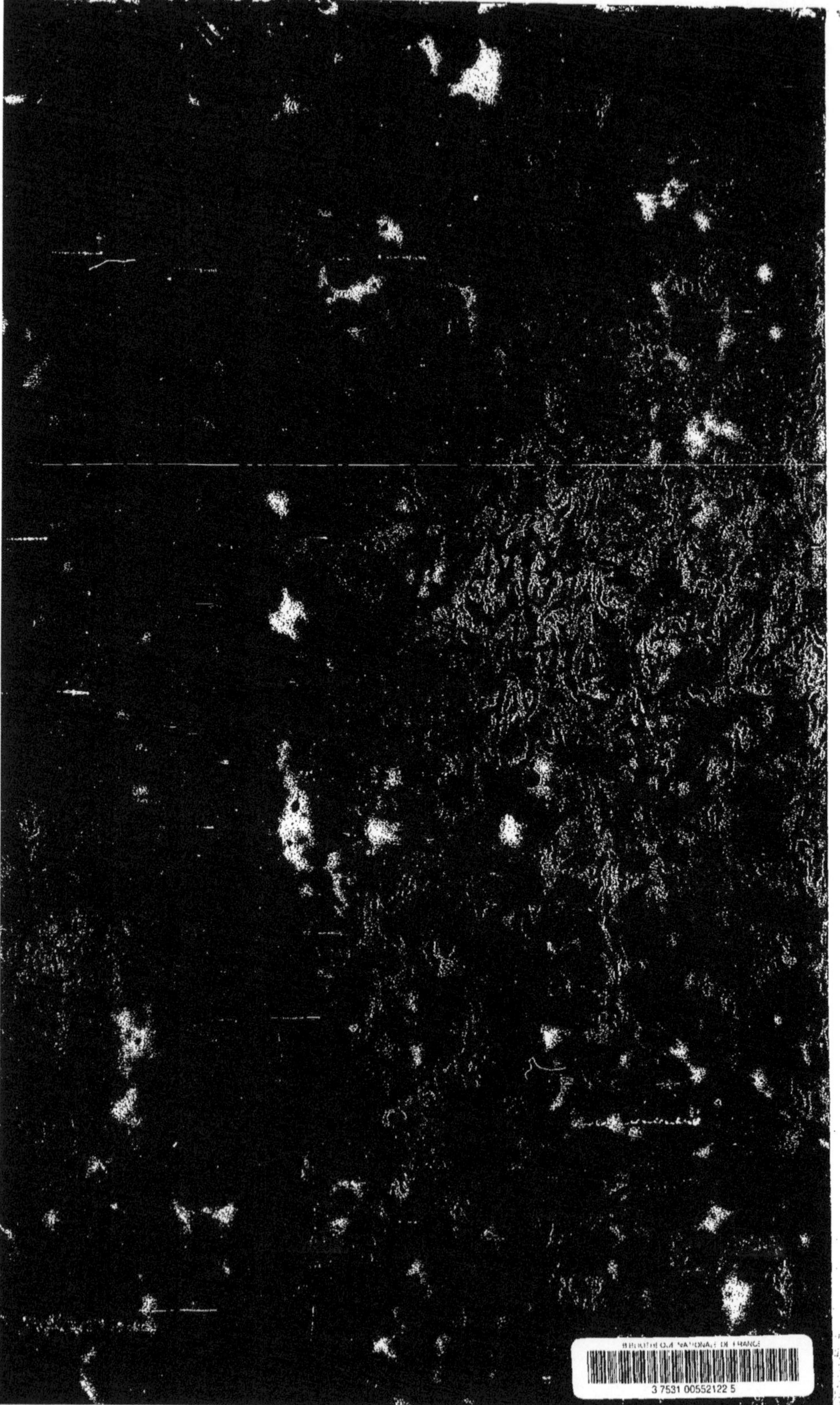

www.ingramcontent.com/pod-product-compliance
Ingram Content Group UK Ltd.
Pitfield, Milton Keynes, MK11 3LW, UK
UKHW020143200726
13856UKWH00003B/827

9 782013 491211